杭州优秀传统文化丛书

Hangzhou Youxiu Chuantong Wenhua Congshu

执手千年

王 艳——著

杭州出版社

图书在版编目（CIP）数据

执手千年 / 王艳著 . -- 杭州 : 杭州出版社，
2022.1
（杭州优秀传统文化丛书）
ISBN 978-7-5565-1705-3

Ⅰ . ①执… Ⅱ . ①王… Ⅲ . ①刀剪—五金制品—介绍
—杭州②伞—制造—介绍—杭州③扇—制造—介绍—杭州
Ⅳ . ① TS914.212 ② J529 ③ TS959.5

中国版本图书馆 CIP 数据核字（2021）第 278470 号

Zhishou Qiannian

执手千年

王 艳 著

责任编辑	俞倩楠
装帧设计	章雨洁
美术编辑	祁睿一
责任校对	陈铭杰
责任印务	姚 霖
出版发行	杭州出版社（杭州市西湖文化广场32号6楼） 电话：0571-87997719　邮编：310014 网址：www.hzcbs.com
排　版	浙江时代出版服务有限公司
印　刷	杭州日报报业集团盛元印务有限公司
经　销	新华书店
开　本	710 mm×1000 mm　1/16
印　张	11
字　数	135千
版 印 次	2022年1月第1版　2022年1月第1次印刷
书　号	ISBN 978-7-5565-1705-3
定　价	55.00元

序 言

文化是城市最高和最终的价值

我们所居住的城市，不仅是人类文明的成果，也是人们日常生活的家园。各个时期的文化遗产像一部部史书，记录着城市的沧桑岁月。唯有保留下这些具有特殊意义的文化遗产，才能使我们今后的文化创造具有不间断的基础支撑，也才能使我们今天和未来的生活更美好。

对于中华文明的认知，我们还处在一个不断提升认识的过程中。

过去，人们把中华文化理解成"黄河文化""黄土地文化"。随着考古新发现和学界对中华文明起源研究的深入，人们发现，除了黄河文化之外，长江文化也是中华文化的重要源头。杭州是中国七大古都之一，也是七大古都中最南方的历史文化名城。杭州历时四年，出版一套"杭州优秀传统文化丛书"，挖掘和传播位于长江流域、中国最南方的古都文化经典，这是弘扬中华优秀传统文化的善举。通过图书这一载体，人们能够静静地品味古代流传下来的丰富文化，完善自己对山水、遗迹、书画、辞章、工艺、风俗、名人等文化类型的认知。读过相关的书后，再走进博物馆或观赏文化景观，看到的历史遗存，将是另一番面貌。

　　过去一直有人在质疑，中国只有三千年文明，何谈五千年文明史？事实上，我们的考古学家和历史学者一直在努力，不断发掘的有如满天星斗般的考古成果，实证了五千年文明。从东北的辽河流域到黄河、长江流域，特别是杭州良渚古城遗址以4300—5300年的历史，以夯土高台、合围城墙以及规模宏大的水利工程等史前遗迹的发现，系统实证了古国的概念和文明的诞生，使世人确信：这里是古代国家的起源，是重要的文明发祥地。我以前从来不发微博，发的第一篇微博，就是关于良渚古城遗址的内容，喜获很高的关注度。

　　我一直关注各地对文化遗产的保护情况。第一次去良渚遗址时，当时正在开展考古遗址保护规划的制订，遇到的最大难题是遗址区域内有很多乡镇企业和临时建筑，环境保护问题十分突出。后来再去良渚遗址，让我感到一次次震撼：那些"压"在遗址上面的单位和建筑物相继被迁移和清理，良渚遗址成为一座国家级考古遗址公园，成为让参观者流连忘返的地方，把深埋在地下的考古遗址用生动形象的"语言"展示出来，成为让普通观众能够看懂、让青少年学生也能喜欢上的中华文明圣地。当年杭州提出西湖申报世界文化遗产时，我认为是一项需要付出极大努力才能完成的任务。西湖位于蓬勃发展的大城市核心区域，西湖的特色是"三面云山一面城"，三面云山内不能出现任何侵害西湖文化景观的新建筑，做得到吗？十年申遗路，杭州市付出了极大的努力，今天无论是漫步苏堤、白堤，还是荡舟西湖里，都看不到任何一座不和谐的建筑，杭州做到了，西湖成功了。伴随着西湖申报世界文化遗产，杭州城市发展也坚定不移地从"西湖时代"迈向了"钱塘江时代"，气势磅礴地建起了杭州新城。

从文化景观到历史街区，从文物古迹到地方民居，众多文化遗产都是形成一座城市记忆的历史物证，也是一座城市文化价值的体现。杭州为了把地方传统文化这个大概念，变成一个社会民众易于掌握的清晰认识，将这套丛书概括为城史文化、山水文化、遗迹文化、辞章文化、艺术文化、工艺文化、风俗文化、起居文化、名人文化和思想文化十个系列。尽管这种概括还有可以探讨的地方，但也可以看作是一种务实之举，使市民百姓对地域文化的理解，有一个清晰完整、好读好记的载体。

传统文化和文化传统不是一个概念。传统文化背后蕴含的那些精神价值，才是文化传统。文化传统需要经过学者的研究提炼，将具有传承意义的传统文化提炼成文化传统。杭州在对丛书作者写作作了种种古为今用、古今观照的探讨交流的同时，还专门增加了"思想文化系列"，从杭州古代的商业理念、中医思想、教育观念、科技精神等方面，集中挖掘提炼产生于杭州古城历史中灵魂性的文化精粹。这样的安排，是对传统文化内容把握和传播方式的理性思考。

继承传统文化，有一个继承什么和怎样继承的问题。传统文化是百年乃至千年以前的历史遗存，这些遗存的价值，有的已经被现代社会抛弃，也有的需要在新的历史条件下适当转化，唯有把传统文化中这些永恒的基本价值继承下来，才能构成当代社会的文化基石和精神营养。这套丛书定位在"优秀传统文化"上，显然是注意到了这个问题的重要性。在尊重作者写作风格、梳理和讲好"杭州故事"的同时，通过系列专家组、文艺评论组、综合评审组和编辑部、编委会多层面研读，和作者虚心交流，努力去粗取精，古为今用，这种对文化建设工作的敬畏和温情，值得推崇。

人民群众才是传统文化的真正主人。百年以来，中华传统文化受到过几次大的冲击。弘扬优秀传统文化，需要文化人士投身其中，但唯有让大众乐于接受传统文化，文化人士的所有努力才有最终价值。有人说我爱讲"段子"，其实我是在讲故事，希望用生动的语言争取听众。今天我们更重要的使命，是把历史文化前世今生的故事讲给大家听，告诉人们古代文化与现实生活的关系。这套丛书为了达到"轻阅读、易传播"的效果，一改以文史专家为主作为写作团队的习惯做法，邀请省内外作家担任主创团队，组织文史专家、文艺评论家协助把关建言，用历史故事带出传统文化，以细腻的对话和情节蕴含文化传统，辅以音视频等其他传播方式，不失为让传统文化走进千家万户的有益尝试。

中华文化是建立于不同区域文化特质基础之上的。作为中国的文化古都，杭州文化传统中有很多中华文化的典型特征，例如，中国人的自然观主张"天人合一"，相信"人与天地万物为一体"。在古代杭州老百姓的认知里，由于生活在自然天成的山水美景中，由于风调雨顺带来了富庶江南，勤于劳作又使杭州人得以"有闲"，人们较早对自然生态有了独特的敬畏和珍爱的态度。他们爱惜自然之力，善于农作物轮作，注意让生产资料休养生息；珍惜生态之力，精于探索自然天成的生活方式，在烹饪、茶饮、中医、养生等方面做到了天人相通；怜惜劳作之力，长于边劳动，边休闲娱乐和进行民俗、艺术创作，做到生产和生活的和谐统一。如果说"天人合一"是古代思想家们的哲学信仰，那么"亲近山水，讲求品赏"，应该是古代杭州人的生动实践，并成为影响后世的生活理念。

再如，中华文化的另一个特点是不远征、不排外，这体现了它的包容性。儒学对佛学的包容态度也说明了这一点，对来自远方的思想能够宽容接纳。在我们国家的东西南北甚至是偏远地区，老百姓的好客和包容也司空见惯，对异风异俗有一种欣赏的态度。杭州自古以来气候温润、山水秀美的自然条件，以及交通便利、商贾云集的经济优势，使其成为一个人口流动频繁的城市。历史上经历的"永嘉之乱，衣冠南渡"，"安史之乱，流民南移"，特别是"靖康之变，宋廷南迁"，这三次北方人口大迁移，使杭州人对外来文化的包容度较高。自古以来，吴越文化、南宋文化和北方移民文化的浸润，特别是唐宋以后各地商人、各大商帮在杭州的聚集和活动，给杭州商业文化的发展提供了丰富营养，使杭州人既留恋杭州的好山好水，又能用一种相对超脱的眼光，关注和包容家乡之外的社会万象。这种古都文化，也代表了中华文化的包容性特征。

城市文化保护与城市对外开放并不矛盾，反而相辅相成。古今中外的城市，凡是能够吸引人们关注的，都得益于与其他文化的碰撞和交流。现代城市要在对外交往的发展中，进行长期和持久的文化再造，并在再造中创造新的文化。杭州这套丛书，在尽数杭州各色传统文化经典时，有心安排了"古代杭州与国内城市的交往""古代杭州和国外城市的交往"两个选题，一个自古开放的城市形象，就在其中。

"杭州优秀传统文化丛书"在传统和现代的结合上，想了很多办法，做了很多努力，他们知道传统文化丛书要得到广大读者接受，不是件简单的事。我们已经走在现代化的路上，传统和现代的融合，不容易做好，需要扎扎实实地做，也需要非凡的创造力。因为，文化是城市功能的最高价值，也是城市功能的最终价值。从"功能城市"走向"文化城市"，就是这种质的飞跃的核心理念与终极目标。

2020 年 9 月

（单霁翔，中国文物学会会长）

湖山春晓图（局部）

目 录

第三章

杭扇：悠悠古韵诉衷情

引言：掌中珍品，江南物语

"上有天堂，下有苏杭"，"三秋桂子，十里荷花"。提起杭州，首先浮现在你脑海中的，是西湖断桥上白蛇与许仙穿越千年的爱情，还是万松书院里梁山伯与祝英台同窗三载的相伴相知？是与苏东坡、白居易诗文交相辉映的苏堤、白堤，还是郁达夫、徐志摩笔下的满陇桂雨与西溪诗意？是啊，这座城市中有太多的故事等待着被邂逅、被倾听、被讲述。城市的故事既存在于残缺的遗址中、史料馆的文档中、人们的记忆中，也凝聚在具象的老字号商品中。一些独具匠心的精品，其实就在"柴米油盐酱醋茶"的日常清欢之中，就在你我的掌心之间，盈盈一握，执手千年……

今天，我们就来说说那些杭产的美物件们，听听它们的传奇。

杭州，一个蜚声中外的古都。至南宋迁都杭州，人口剧增，经济繁荣。据美国汉学家 G. William Skinner（中文名施坚雅）统计：南宋时的临安（今杭州），其人口为一百二十万，远远超过八世纪长安（今西安）的一百万和北宋时期的东京（今开封）八十五万的人口规模。

人口激增的同时，必定带来消费的需求，那时的杭州，商业发达，各种类型的商铺纷纷出现：茶肆、酒肆、面食店、荤素从食店、米铺、肉铺、鲞铺……随之而来的商业竞争也愈演愈烈。而在这种商业环境中脱颖而出，且能长期兴隆的商铺，就是老字号。

"丝绸之花"都锦生、"江南药王"胡庆余堂、"杭菜一绝"楼外楼……这些老字号兼具经济和人文价值，凭借其精湛的技艺和独有的管理方式，既是杭州工商业发展史的重要参与者和见证者，也是至今闪亮的杭州名片。

江南名城的百年工商业探索历程，其实就具象地镌刻在每一把杭剪，每一把杭伞，每一把杭扇里……与此同时，这些老字号又以其悠久的历史、厚重的文化，承担起历史文化承载者的使命，成为杭州地域特色及文化传统的表征与注脚。

诗性的江南文化，其本身就具有融合、包容、创新的特质。如果从历史和文化演进的时空背景来衡量，这些经典的杭州老字号，本质上就是一种文化形态，是江南地域文化在杭州工商业领域的经典符号和有形载体。

第一章

杭剪：恋恋锋行
传匠心

张小泉属于"五杭"①中的杭剪，是代表杭州城市文化的工艺品之一，这是对这一杭州传统老字号实至名归的褒奖。与"杭扇"王星记相比，张小泉可谓是"上得厅堂，下得厨房"，在赚取"外快"的同时始终坚守着本职工作，真可谓鞠躬尽瘁，"钝"而后已。与"年轻貌美"的"杭伞"西湖绸伞相比，张小泉体现出杭城秀美之外"英武"的一面。

谁说如花的江南就只能是羞答答的姑娘模样？其实还有如张小泉刀具一般刚强锐利的存在。

如今人们口耳相传的"杭剪"张小泉，指的是一家剪刀店或一种剪刀，在它身上有诸多有趣的故事。

历代文人墨客常用"剪刀"这一意象来抒发情感。南唐李煜有千古名句"剪不断，理还乱，是离愁。别是一般滋味在心头"流传于世，千丝万缕的离愁，再快的剪刀也是剪不断的。杜甫在《戏题王宰画山水图歌》一诗中用"焉得并州②快剪刀，剪取吴松半江水"盛赞画之逼真：大概是用并州出产的锋利剪刀，把吴松江水也剪来了！李商隐也在《夜雨寄北》中以诗句

①"五杭"，是指杭剪、杭扇、杭线、杭粉和杭烟，它们是中华老字号发展的缩影。
②并州：地名，唐代辖今山西阳曲以南、文水以北的汾水中游地区。其所产的剪刀以锋利著称，称"并州剪"。

"何当共剪西窗烛，却话巴山夜雨时"来描绘对未来团聚时幸福图景的想象，满腹的寂寞思念，只有寄托在将来。这些用"剪刀"入诗的诗词，无一不从侧面反映了剪刀在世人心中的地位。

那么，说到杭州最锋利的剪刀，自然要提到张小泉。晚清杭人丁立诚更是曾在《武林杂事诗·大井巷购剪》明言："快剪何必远求并，大井对门尤驰名。吴山泉深清见底，处铁锻炼复磨洗。象形飞燕尾涎涎，认识招牌张小全。疾比春风净秋水，不数菜市王麻子①。"张小全即张小泉，以此来称赞素有"北有王麻子，南有张小泉"美誉的小泉剪。"青山映碧湖，小泉满街巷"是杭城百姓对张小泉产品的认可。我国杰出的剧作家田汉先生也曾在走访张小泉剪刀厂时写下"快似风走润如油，钢铁分明品种稠。裁剪江山成锦绣，杭州何止如并州"的赞美诗。

①王麻子：王麻子刀剪铺是清顺治八年（1651）在北京菜市口开设的一家以经营剪刀、火镰（打火用具）为主的店铺，因掌柜姓王，脸上有麻子，故被顾客称为"王麻子"，与张小泉剪刀齐名。

张小泉前辈的解惑：
刀光剑影，岁月千秋

　　除去被遗忘的部分，历史的本真面目常常因为岁月的流逝而模糊，成为我们熟悉而陌生的过去。咬文嚼字的人会问：熟悉而陌生不是矛盾的吗？这并不矛盾啊！且看张小泉现身说法：家家户户都必备菜刀、剪刀、指甲刀，都知道张小泉代表着刀具做工的优良水准……但

张小泉门店

是人们知道张小泉这一品牌是怎么诞生的吗？知道作为剪刀的它为啥顶着个人名？知道剪刀为什么是这个形状？不知道了吧？这下被考倒了吧？这下陌生了吧？这就是"熟悉而陌生"的意思，而张小泉曾经是这样的……

来自世人的疑惑："张小泉"到底是人名还是店名？

不卖关子了，开门见山地讲，"张小泉"首先是一个人名，其次是一家铺子的名号，最后才是如今的连锁品牌店名，这一个词具有三层意思。但不仅是作为人名的张小泉有父亲，作为店名的张小泉也有"父亲"，所以要想回应"张小泉到底是人名还是店名"这一问题，还得从他们的"父亲辈"讲起。

"剪刀大王"张小泉的父亲名叫张思佳，是张小泉这一派的开山老祖。张思佳虽然自己的名字很斯文，却给铁匠铺取了一个霸气的名字——"张大隆"。张思佳原本是安徽黟县人，虽然不是正宗的"江浙沪包邮区"的人，但也算靠得近了，想必对杭州这座城市早有耳闻。他在当地因打磨的剪刀锋利无比而著称，老百姓曾经这样赞扬他的手艺："张大隆剪刀吸天地灵气，熏日月光华，能吹毛断发，剪布无声，就是修剪千层布的鞋底，也如同刀切豆腐一般轻巧。"

张思佳不仅手艺高超，为人也厚道，留下了"农家一世穷，也要买把张大隆"的美谈，可见在安徽黟县时期的"张大隆"招牌就已经响当当了。

既然在当地有着如此良好的消费者基础和信誉，老爷子怎么跑到杭州来了呢？现在看来，老爷子选择来杭州可谓是明智之举。这可不是拍马屁，你们接着往下看就知道其中的缘由了。那么，杭州是如何成为"张小泉"

的福地的呢?

　　首先，柳永词云："东南形胜，三吴都会，钱塘自古繁华。烟柳画桥，风帘翠幕，参差十万人家。云树绕堤沙，怒涛卷霜雪，天堑无涯。市列珠玑，户盈罗绮竞豪奢。"仅从现存的古诗辞赋中，就可窥见当时杭州的富庶程度。地处江南水乡区域的杭州市，自古便享有盛名。凭借适宜的气候、大江大泽的滋润、丰富的物产、便捷的交通等天时地利之优势，辅以自隋唐以来不断完善的大运河漕运体系，吴越以来的崇文传统，宋室南渡之后带来的北方人口、技术、工艺、文化等资源，临安一时成为中国最负盛名的城市，也成为马可·波罗口中的"世界上最美丽华贵之天城"。可见杭州是当时中国的大城市，人口众多。既然家家户户都需要生火做饭，那么也就必

张小泉剪刀店旧址

然需要使用刀具，就算一家一户只买一把刀具，老爷子的生意肯定也比在安徽黟县时要好得多。

其次，优越的自然环境，便捷的水陆交通，城市人口的激增，文化基因的传承，王公贵族的精致生活，都为杭州工匠精神的形成提供了土壤。特别是早在春秋战国时代，浙江一带就有不少铁器制造重镇，据说干将、莫邪正是在距离杭州不远处的莫干山铸造宝剑，当地传统的锻造技术代代相传。由于杭州本地盛产丝绸，因此居住于此的居民也多有使用刀、剪的习惯，这里的女性多擅长用剪刀裁剪衣衫、剪贴窗花。可见，江南悠久的铁器铸造历史为老爷子手艺的精进提供了条件，而对工匠精神的提倡则为剪刀技艺的传承与发展奠定了基础，广泛的市场需求更是给了张小泉这样的手工艺店铺赖以生存的市场环境。

张小泉剪刀铺的"父亲"张大隆迁至杭州后，就在商贾云集、市井繁华的城隍山脚下的大井巷口搭棚设灶、挂牌续开，张思佳和他的儿子，也就是张小泉，选用龙泉、云和等地的好钢打造剪刀，悉心研究铸造技艺。

至此，父辈的故事差不多告一段落，张思佳一手创立的"张大隆"剪刀铺算是在杭州基本立稳了脚跟，接下来便是"少主"张小泉和张小泉剪刀的故事。这家百年老字号为何会从"张大隆"变成如今的"张小泉"？这其中又有哪些不为人知的隐秘？那得从号称"钱塘第一井"的故事讲起，这可是"少主"张小泉扬名之所。

剪刀为何长这样："钱塘第一井"中的乌蛇有话说

现存史料中，有关曲柄剪刀最早的记载是在北宋初年陶毅《清异录》中提到的"二仪刀",这种剪刀形如"交股屈环",已经有了如今张小泉剪刀的模样。折叠剪则最早出现于明朝。明朝高濂撰写的《遵生八笺》中记载了这样的一个故事:浙江有一个姓潘的人,幼儿时期被倭寇掳至日本(明朝时期,我国东南沿海一带常常受到倭寇的侵袭,于是出现了如戚继光等抗倭名将)。在日本成长起来的潘氏心灵手巧,在日本生活的过程中,学会了当地的各项技艺,如制作铜炉及金银器,尤其是学会了金银器皿上的雕花,极尽日本工艺之美。后来,倭寇吃了败仗,潘氏终于得以返回家乡。返乡后,他融合中日技术之所长,精心仿制铜艺,并花费数年打造了一台日式压尺(镇尺),里面可以收纳十多件文房用具,其中有一把折叠剪刀,是前所未见的。

这是折叠剪的最早文献记载,从中可知,这种工艺最早来源于日本,同时也可以看出浙江劳动人民对手工艺的学习、改造和创新。但此时的折叠剪距离如今张小泉店铺中的模样还有差距,那么张小泉又是从哪里得到的灵感,并将之改良的呢?这还得从他的出生讲起……

据说张思佳的妻子怀着孩子的时候,依旧承担着家里繁重的家务。某日,她在一座山脚下的泉眼边洗衣服时突然临盆,将孩子生进了泉水里,于是,她赶紧将孩子从泉水中捞起。张思佳见儿子生在了泉边,想来是和泉水十分有缘,便给他取名为"张小泉"。这样看来,"张小泉"这个略带秀气的名字还真是接地气。生长于铁匠世家,张小泉自然是耳濡目染,从小便学起了打铁技艺,日日都在火炉旁玩耍。在父亲的悉心教导下,他三四岁时就蹲在炉边拉风箱,八九岁时便学着打小锤,等到长成一个年轻力壮的小伙子时,他也就基本学完了父亲的技艺,习得了一身制剪好手艺。正所谓"青出于蓝而胜于蓝",张小泉的初露锋芒在于对传统剪刀的技术改良

大井巷内的古井

上，而启迪他的正是"钱塘第一井"中的那两条不知好歹、污染环境的乌蛇。

就在张大隆剪刀铺旁的大井巷内，有一口被称为"钱塘第一井"的深井，这口深井水质甘甜，是大井巷一带人们洗菜、煮饭、洗衣等日常生活用水的主要来源，也是张家打铁、制作刀具时用来降温的必需品。就在张家来杭不久的一天，原本清澈的井水变得又黑又臭，这下子周围的住户都慌了神，在那个没有自来水的年代，清冽的井水可谓是生命之源。于是，人们纷纷打听井水被污染的缘由，这时一位老者告诉大家，在他儿时曾听老辈人说过，此井直通钱塘江，所以是活水，水质上佳，但钱塘江上游有两条乌蛇，每隔十年便来这清凉的大井里交尾产卵。在此期间，两条乌蛇嘴里吐出的毒涎，把

张小泉近记剪号旧址说明

井水污染得就像是烂泥汤一般。唯有下井除去两条乌蛇，才能保证井水永清。尽管知道了井水污浊的原因，但人们因为惧怕毒蛇，一时都没有了解决的法子。

张小泉听闻消息之后，心想自己从黟县来杭谋生，人生地不熟，邻里们都待己不错，也该为大伙做点实事，也可借此立稳脚跟。再加上自己从小擅长潜水，又是铁匠出身，气力非凡，家中的神兵利器也可以作为除蛇帮手。于是，血气方刚的他自告奋勇准备除蛇。街坊邻里听说后，有的拿出上好的雄黄酒为他涂满全身，有的备好绳索作为救援所用，有的配置药品以备不时之需，张小泉则挑选出了铺子里的一柄大铁锤作为除蛇用具。

一番准备后，张小泉手持铁锤、身涂雄黄酒跳入井中。借着铁锤的重量，他向井底沉去，透过井口的微光，只见得两条乌蛇正缠绕在一起。他眼明手快，未等两条乌蛇分开，便挥起大铁锤往乌蛇七寸处砸去，电光石火之间，水波荡漾，泥石翻滚，一连三锤，锤锤都砸在了两条乌蛇相交着的七寸处，将两条乌蛇砸得扁平。

砸死乌蛇后，张小泉用绳子将其拴住，一手提着大铁锤，一手提绳，示意人们将其拉出水面。他爬出井口，将两条乌蛇摔在地上，只听得咣的一声，乡邻们都吓了一大跳。起先大家都非常害怕，后来见乌蛇一动不动真的死了，才敢靠近。伸手一摸，乌蛇全身冰凉，拿棒子敲打，更是梆梆梆地直响。张小泉这才看到乌蛇竟然如此巨大，不由一阵后怕，幸而自己胆大心细，没让乌蛇察觉，也多亏了家中的这柄铁锤之威。除掉了乌蛇，大井里的水又恢复了之前的清澈，从此再也没有污浊过。现在想来，张小泉如果"弃剪从泳"，估计世界泳坛都无人能及了吧！

作为除蛇首功，张小泉自然拿回了属于他的战利品，看着这两条罪魁祸首弯曲的蛇尾，铁匠出身的他似乎悟出了什么，在纸上画出了一个似曾相识，但又不甚了解的图像（其实就是今天张小泉剪刀的大致模样）。张思佳和张小泉父子连夜按照图纸所示，在蛇颈相交的地方装上一枚钉子，将蛇尾弯过来处做成把手，又将蛇颈上面的一段敲扁，磨得锋利无比，仿照着弯曲的蛇尾，打造了一把弯柄的剪刀。这弯柄剪刀果然要比直柄剪刀使用起来更加顺手，而且更加省力。于是张家便将这把剪刀挂在了铁匠铺门前，当作招牌。从此，常见的剪刀便从直柄改成了弯曲柄，也就是今天世人看到的模样。

初出茅庐的张小泉以除蛇英雄的身份得到了大伙儿的认可，也接过了父亲的"张大隆"剪刀铺。但正所谓树大招风，迎来事业辉煌期的"张大隆"剪刀铺也即将遭遇巨大的危机，这也是"张大隆"改名"张小泉"的原因所在。

论商标的重要性：明清时期的山寨风波

张思佳和张小泉的手艺自然是没得说，再加上张小泉"下井除蛇"的壮举一传十、十传百，很快在整个杭州城都家喻户晓了。和"张小泉"一起出名的，还有铺子里出产的这些原本家用的刀具。于是喜爱热闹的人们都跑到铺子前，想瞅瞅这位血气方刚、胆大心细的少年，也想看看除去乌蛇的神兵利器是否真有传的那么神奇。这下子，挂在铁匠铺门前的经过改良的弯柄剪刀成功吸引了人们的注意，原本来看热闹的大伙儿都很好奇改良后的蛇形剪刀到底有什么本事。于是张小泉当场给人们演示了弯曲柄剪刀优良的裁剪性能，兴致高涨的人们也都跃跃欲试，这一试就纷纷掏腰包，争相成为张家剪刀铺的用户。

张小泉父子算是动了杭州刀具市场这块大蛋糕，一些本土的刀具商铺可不乐意了。按道理讲，如果大家台面上比质量的挑战，张家男儿自然是欣然接受的，但总有那么些背后要花招的家伙。他们纷纷看中了"张大隆"这一金字招牌，一时间冒充"张大隆"的剪刀铺遍布杭州城。那时可没有如今微信、微博这样的宣传媒介，老百姓们也不知道哪一家"张大隆"是真的，哪一家是冒充的，还以为张家父子开了连锁店呢。更可气的是，这些冒充"张大隆"名号的山寨货质量堪忧，越来越多对"张大隆"的抱怨在人群中蔓延。张氏父子可谓是有口难辩，那时候也没有维权的途径和申请商标的地方，只能生生看着自己辛苦打造出来的品牌被山寨货们糟蹋。

面对一筹莫展的局面，张小泉镇定自若，他一方面安慰父亲，另一方面在闲言碎语中苦练"内功"。他认为，杭州的剪刀市场需求量巨大、消费人群广泛，而市场自身又是具有识别优劣产品能力的，当下横行的山寨货必然会很快被市场抛弃，待到他们自相残杀、同归于尽后，严控质量的"张大隆"剪刀就能卷土重来。

等到明崇祯元年（1628），张小泉接掌了店铺。此时，山寨产品的内耗让市场对优质刀具越发渴望，但是"张大隆"这一品牌已经成为人人喊打的过街老鼠。尽管对陪伴自己成长的金字招牌万分不舍，但是张小泉还是以壮士断腕的勇气，毅然抛弃了张家几十年创下的金字招牌，改"张大隆"为"张小泉"——这也是张小泉剪刀品牌的首次亮相。这一做法在短时间内取得了有效的成果，但随着时间的推移，同样的山寨威胁再一次降临，

张小泉近记广告

挂名冒牌的商家反而越来越多，假冒伪劣的危机仍未解除。

这下张小泉可头疼了，换一个名称仍是换汤不换药，只能解决一时的问题，就算"内功"修炼得再好，也抵不过抄袭的团团围攻。于是，"张小泉"剪刀铺的生意刚有了起色，又被新一轮的山寨风波阻挠。尽管清楚单凭自己的力量无法解决山寨问题，但是在那个缺乏商标保护的年代，又别无他法可供选择。

后来，张小泉的孩子张近高继承父业，成了张小泉剪刀铺的新主人。为了区别假冒同名的剪刀，维护自家商号的利益，也为了巩固和开拓市场，新主人在"张小泉"三字之下加上"近记"二字，视为正宗，以便顾客识别。但这一方法仍然无法制止其他商家的效仿，毕竟加两个字上去，对于抄袭者是没有难度可言的，山寨的风波仍未平息……

直到一位大人物的出现，才算是真正巩固了张小泉的名头，也让这一金字招牌保留至今。那么，他是谁呢？就是那位时常出现在古装剧中，酷爱作诗、盖印的乾隆帝。话说，等到张家后人张载勋继承家业时，恰逢乾隆南巡至杭州，大伙都知道这位爷是一个随性的主，不仅爱到处旅游，还喜欢微服出访，而且酷爱江南一带，让侍卫"福尔康们"很是头疼，但又不敢抱怨，只能随时准备舍身挡刀。

当日乾隆微服出游城隍山，正在游览张小泉"下井除蛇"的钱塘第一井，听取这一惊心动魄的故事时，突然天降大雨。乾隆帝为避雨，匆忙中走进一间挂着写有"祖传张小泉剪刀"字样招牌的作坊。他看到改良的剪刀很是好奇，拿起来把玩，只见寒光闪烁，锋利无比，和宫

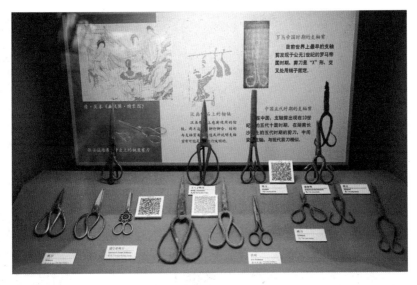

张小泉系列多功能剪刀

里的剪刀大不一样，便购得几把剪刀带回京城。回京试用之后，因其刃口锋利、手感舒适而大加赞赏，事后责令浙江专办贡品的织造衙门进贡此剪作为宫廷用剪，并御笔亲赐"张小泉"三字于剪刀铺。从此，张小泉剪刀名声大作，出现了"青山映碧湖，小泉满街巷"的盛况。

这下可就不得了了，既然天子赐名了，谁要再敢冒用，可是要被追究责任的，甚至是要掉脑袋的。一时间，市面上的山寨张小泉全消失了，只剩下正宗的张小泉剪刀铺，百姓们也一眼就看出谁是李逵，谁是李鬼了。与此同时，因为被列入贡品，宫中的需求量很大，张小泉的市场不仅得到了巩固和保障，而且名声大噪，寻常百姓、地方士绅、达官贵人无一不想拥有一把皇帝同款，因而其产量始终跟不上销量，也算是一桩幸福的烦恼了。至此，山寨风波算是因为乾隆皇帝的御赐笔墨而中止了，

张小泉店内景观

张小泉的名字也就得以保留至今。

后来，在和世界逐渐建立联系的过程中，曾经作为贡品的张小泉也得以增长见识，与外域的刀具相视。在晚清民初之际，张小泉刀具几次代表中国参加博览会，也让越来越多的人领略到杭剪的魅力。

从迁至杭州，到下井除蛇，再到山寨风波，最后到天子赐名，张小泉的发展史可谓是一波三折。但正所谓"打铁还需自身硬"，正是历代掌门人对质量的追求，才使得张小泉把握住了机会，成功进入皇帝挑剔的法眼。那么在它身上到底汇聚了哪些技术呢？

张小泉刀具的自述：
千锤百炼，内蕴芳华

总有一些老物件，在时光的长河里，散发出夺目又独特的光芒。穿越历史的烟尘，这些传承百年的文化遗产正在新时代的幕布上涂抹着崭新的色彩。如今的张小泉之所以能成为"百年老字号"，穿越几代人的生活轨迹传承至今，是因为数百年间历代掌门人恪守着"良钢精作"的祖训，不遗余力地延续着这些繁复精湛的制剪工艺与工序。要知道，在那个艰难困苦的时代，工匠大师们往往就是在"一只风箱一把锤、一块磨石一只盆、一把锉刀一条凳"的简陋条件下工作，但这依旧阻挡不住"张小泉"的名声在清朝时就已经响彻一方。

百年风雨的磨砺，并未让"张小泉"消失，反而使它在千锤百炼中除却了自身累积的"锈迹"；岁月的坎坷，使得这个百年老字号愈发璀璨、锋利，能够裁剪出属于自己的未来版图。如今的读者，一定对张小泉刀具究竟需要历经多少岁月与多少磨难，才能来到这个世上很疑惑吧？那么接下来的故事就来带大家穿越百年的时光，回顾张小泉剪刀漫长的发展历程。

听说工匠精神是舶来品？问过工匠了吗？

每一件工艺品的身上，都凝聚着创造它、陪伴它、守护它的匠人的心血。工匠精神也在一代又一代的师徒口耳相传的过程中孕育传承，工艺品、匠人、工匠精神三者紧密相连。

匠人，是以精纯的匠艺之心去守护技艺和生活，构筑起一个充满人情味的世界，用精湛的做工、高质量的产品来为岁月留下刻痕，用物件传递真心的人。时光流逝，工艺之火不灭，师徒或是父子之间的手艺传承尽归于此。

匠人精神是在匠人的常年坚持中得以形成的。敬业、专注、创新，精益求精地追求技艺的极致甚至要创造奇迹便可谓匠人精神。对于由匠人制作出来的物件而言，使用功能是基础，蕴含其中的温度能够被使用者感知、传递，从而使得这份匠心感染整个社会则是其使命。正是由于具备这样的社会影响力和极高的经济效益，各国都在提倡专注、执着、坚定、踏实、精益求精的匠人精神。

细品每个国家的工匠精神，似乎又略有不同。德国产品一向以"标准"而闻名于世，其演化百年的标准化工艺流程是支撑"德国造"旗帜的重要因素之一。日本拥有世界上最多的百年企业，凭借其家族式的"传承"而在世界工业之林拥有一席之地。瑞士这个钟表王国，则以其"专注"而被世人所熟知。但工匠精神却并非舶来品，张小泉的后人们也在以自己的实际行动，诠释他们对于中国工匠精神的理解。

张小泉剪刀的每一道工序，都离不开工匠精湛的技艺，试钢、试铁、拔坯、打钢……历经 72 道工序，工匠们才能打造出一把精巧的剪刀，而其中最考验工匠真本事的是第6道工序"嵌钢"，只有娴熟的技艺和精细的打磨，才能保证锻造出一把高质量的剪刀。

现如今，手工锻打正在慢慢被标准化的工业流程所取代，匠人们引以为豪的技艺也面临着失传的危机。但是张小泉剪刀始终秉承着"良钢精作"的工匠精神，埋头苦干，脚踏实地地锻造好每一把剪刀。

"张小泉"传统老字号历经近400年的市场洗礼，传承至今仍保持着强大的生命力与竞争力，并且在刀剪行业中扮演着领头羊角色。精良的、牢固的钢用作刀刃，攻无不克；便宜的、坚韧的铁用作刀体，千锤百炼不变形，实现了1+1＞2的效果。

正所谓好钢用在刀刃上，为了保证刃口的质量，张小泉早在张思佳那一代人时就挑选了当时浙江最好的龙泉钢作为刃口的材料。在生活中人们总是将"钢"和"铁"合称为"钢铁"，但二者其实有明显的区别，那么该如何分辨它俩呢？很简单，只需试一下就行：将材料放进火中烧红，再放在水里淬一下，用榔头敲打瓜子大小的一片，断了的就是钢，折弯却未断的就是铁，这就是行话所说的"试钢试铁"。由此也可以证明，钢很硬却也很脆，铁虽软却很有韧性，钢铁合用，刚柔并济，可以发挥各自的长处，因此张小泉以铁为剪体、钢为剪刀的做法，显然是十分科学的。

光有上好的材料远远不够，核心制作技艺才是关键——这就如同战士获得新式武器并不一定就能战无不胜，还得勤加训练，才能提升战斗力一样。如何将钢料嵌进铁中，将其制作成刀刃，也是一个难题，因为铁和钢是两种材料，硬度也不相同，很难合二为一。第一步需要做的是拔坯。在长铁棍的一端确定好规定长度的位置，并将该位置以上的部分放入炉灶内烧到红透，然后立刻拿出来放在墩头上，在烧红处用凿子凿一下，留一点相连，接着再用榔头将铁勾过来，把两段铁并在一起，这样，剪刀的两段大小相同的坯料就制作出来了。

72 道工序中，第 7 道"镶钢"工序是张小泉的独创。在此之前，人们用的剪刀都是用铁锻打而成。而张小泉则是更上一层楼，在剪刀的铁槽中嵌入了钢刃，使之刚柔并济，刃口锋利，开合和顺，遂成一绝。

除了在技术方面的突破，张小泉剪刀在艺术方面，也有了创新之处。张小泉制剪法中，嵌钢锻造法和刻花这两项独特的制作技艺，历经时间的考验后被保留了下来。张小泉后人张祖盈在 1921 年率先运用剪刀刻花这一技艺开始剪刀的制作。该工艺以凿子、铁锤和铁墩为工具，由工匠在剪刀表面刻字留画，除了刻上花鸟鱼虫、山水田园，还会刻上商号名以便识别生产单位。

作为张小泉的祖训，"良钢精作"体现了一种热爱自己的事业，并且恪尽商业良知的匠人在任何时候、任何情况下都力求完美、创新，从而维护自身职业声誉的工匠精神。由张小泉人在这样的工匠精神下生产出来的张小泉剪刀的最大特点就是选料认真、做工精细、货真价实。张小泉所产剪刀锋利、精致、耐用。剪刀刃口不同于其他刀具的刃口，它必须两片合配，口缝一致。一把剪刀要达到平直起缝、刃口锋利、开合和顺、软硬可剪，就要做到磨工精细，里外口磨透磨清爽，光洁平正，拖锋铲锋恰到好处，相交两点硬度一致。张小泉及其后代给人们留下了精湛独特的剪刀制作工艺，当时虽然只具备"一只风箱一把锤、一块磨石一只盆、一把锉刀一条凳"的简陋条件，但仍总结出了 72 道工序，并通过师徒、父子之间的口口相传，使剪刀生产有了不成文的规定。张小泉剪刀可谓是智慧和心血的结晶。

南宋周密所写《武林旧事》所记载的南宋临安掌故中，卷六《小经纪》一节，就提到了"磨刀"和"磨剪子"。踏遍数百年历史长河，张小泉制剪工艺的繁复以及手工艺人对"良钢精作"的坚守，让一把"无名小剪"变成了流传至今的"张小泉"剪刀。2006 年，"张小泉剪刀锻制技艺"被国务院列入第一批国家级非物质文化遗产名录，这是美丽的后话。

张小泉剪刀历史悠久，但也很潮流

剪刀在日常生活中用途广泛，裁剪衣物、修整花木、修剪发型……"剪"本字"翦"，意为铰刀。东汉许慎在《说文解字》言："前，齐断也。"唐代释玄应《一切经音义》道："铰刀，今谓之翦刀。"而宋代戴侗《六书故》云："翦，交刃刀也，利以翦。"清代段玉裁则注《说文解字》："羽初生如前齐也。前，古文翦字。"由此也可从侧面显现出剪刀历史的悠久。

据说，剪刀是由古埃及人爱德华发明的，西方人多称其为"剪刀手爱德华"。剪刀在中国的起源尚不可考，但根据 1934 年陕西宝鸡西汉墓中出土文物——一把交股式铁剪，能证明早在 2000 多年前中国就已经有剪刀了。这把剪刀的特点是没有铁钉支轴，使用时除了倚靠剪刀本身的弹力，还需要较大的手掌握力，用起来较为费劲。而到了 10 世纪的五代时期（907—960），我国已出现了支轴式剪刀，这种剪刀的两片剪体之间安有支轴，使用起来更为便捷，一直到今天，人们也仍然使用着这种剪刀。考古学家还发现一个有趣的现象：元代以后出土的剪刀数量反而越来越少。究其原因，是剪刀在当时已十分普及，普通百姓家都能广泛使用剪刀，于是人们不再将其当成珍贵之物用于陪葬了。

张小泉剪刀不仅历史悠久，而且自它诞生以后，便一直走在创新的路上。张小泉剪刀的创新首先体现在技术层面，早在张思佳初创张小泉剪刀前身"张大隆"时，就多方求师，汲取众家之长，特别是借鉴了龙泉宝剑的铸造工艺，经过反复研究，创造出了独特的嵌钢制剪的新工艺。张思佳选用远近闻名的浙南"龙泉"和"云和"两处的优质钢材为原料镶嵌剪刀的刃口，又用镇江特产的泥砖研磨，由此制成的剪刀由于镶钢均匀、磨工精细，因而刃口锋利、开闭自如、经久耐用，所以名噪一时，许多专业艺人，如裁缝、锡匠、花匠等，都纷纷慕名而来定制剪刀，因此又产生了鞋剪、袋剪、裁衣剪、整枝剪、猪鬃剪等诸多新的产品。

张思佳的创新精神也被张家后人继承了下来，因此才造就了如今张小泉系列产品的绚丽夺目、丰富多彩。过去张小泉只做剪刀，后来开始往刀具、锅具方面延伸，现在已拓展到个人护理、园林五金、家用电器等方面。

此外，张小泉剪刀的创新还体现在理念的与时俱进方面，这对于容易故步自封的老字号品牌而言尤为难得。正是因为张小泉历代掌门人勇于拥抱时代潮流，从而为这一老字号的发展争取了更好的条件。正如上文提到的，自张小泉剪刀在杭州闯出名声后，各种山寨假冒现象层出不穷，严重影响了店铺的发展。尽管后来有乾隆皇帝御笔亲赐"张小泉"，禁止其他店铺擅自使用，但正如"吾皇"终究无法实现"万岁，万岁，万万岁"的不死美梦，旧时缺乏法律保障的"张小泉"金字招牌，也难免陷入再被抄袭的窘境。

宣统元年（1909），张祖盈接过张家先辈代代传承下来的张小泉剪刀铺，此时张家的制剪技术在杭州已传至第十二代，当时恰巧遇上中国第一部商标法颁行的时机。面对这一从西方舶来的新鲜玩意儿，张祖盈内心忐忑不已。如果放到今日，相信张祖盈一定会毫不犹豫地注册掉商标，但在那个时代，面对"商标注册"这一新鲜玩意儿，中国百姓还真是有点不知所措。经过多方打探了解，再加上张祖盈深知山寨产品对自家店铺的破坏性影响，他注册了"海云浴日"样式的张小泉商标。现在，人们已经无法切身感受到张祖盈的纠结，只会直观地觉得这是一件时髦的事，但对当时的张掌门而言，这一决定无疑是压上了张小泉剪刀铺的所有。幸运的是，正是张祖盈敢于拥抱时代潮流的勇气，使得张小泉品牌成功注册商标，这对张小泉后世的品牌形象意义重大。

其后张小泉剪刀又大胆尝试在店铺里安装电话，这一创新举动毫无疑问为它的销售打开了局面。如今存留的张祖盈制作的几份招贴中，记载的 345、3518、3226 这三个电话号码就可证明这一创举。

又比如当下在传统老字号中相对薄弱的销售环节，张小泉也善于动脑筋，这家百年老字号与互联网的"触电"已有十余年，目前张小泉线上的销售额已经占其全年销售总额的 50% 左右。

那么，在张家后人与徒子徒孙们的代代传承创新过程中，"张小泉"剪刀家族的兄弟姐妹都有哪些呢?

实用与精美并举："上得厅堂，下得厨房"

不同于刀剑，剪刀从它诞生之日起，便从未改变过工具这一身份，而它也在人类发展史中扮演着无可取代的重要角色。张小泉剪刀铺在创立之初主要生产、经营剪刀这一种产品，然而随着时代的发展和人们消费需求的日益多元化，张小泉人便将智慧融入手工艺品的创作中，在原有的制剪基础上又创造了一件件实用、美观的手工艺品。提到刀具，人们总会联想到厨房的油盐酱醋、蔬菜肉食、裁剪衣物……但这只是刀具们实用的一面，或者说"武"的一面，它们的艺术内涵，或者说"文"的一面总是被人们忘记。例如由剪刀衍生而来的剪纸艺术，难道不是艺术品吗？《武林旧事》中记载，在南宋的行在临安商业非常发达，许多小工艺应运而生，当时出现了专门从事剪纸的行业，有"剪字""剪镞花样""镞影戏"等。杭州剪纸结合南北方风格，在传统基础上进

张小泉老式剪刀

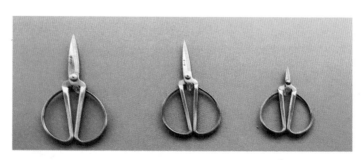

家用缝纫剪

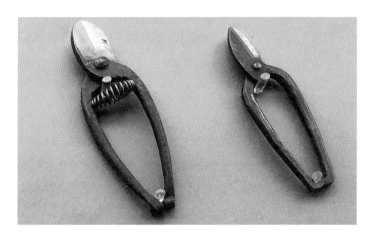

弹簧剪、土桑剪

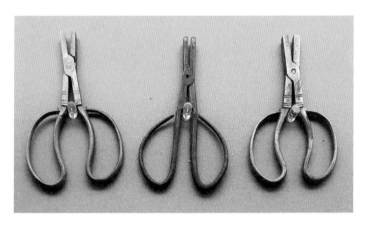

拔针剪

一步完善了杭州工艺剪纸的精美特征。

作为刀剪中的代表，张小泉出产的产品自然是"能文能武"且"上得厅堂，下得厨房"。

"下得厨房"，说的则是张小泉产品能被广泛运用于社会大众的日常生活中，沾染着市井生活的烟火气。它们涵盖了刀类、剪类、护理类、杂配件等品种。

其中，张小泉的刀类主要有斩切刀、斩骨刀、切片刀、小厨刀、水果刀等，而其分为套装和单刀两种形式进行出售。张小泉刀类中的套装大多数是分为七件套、六件套、四件套、三件套和二件套五种组合。

张小泉剪刀的种类也相当繁多，且规格材质更是一应俱全，大致可以分为厨房剪、家用剪、园艺剪、文具剪、裁缝剪、指甲剪、美发剪、鼻毛剪、婴童剪和宠物剪。

"下得厨房"未必能"上得厅堂"，可张小泉的产品却已在中国刀剪剑博物馆之中占据着属于它们的一席之地。在这些馆藏中，最知名的是铁皮剪、绣花剪、蟹剪等各种剪刀，它们都被一一呈现在展柜之中，而这每一把剪刀，背后都有着专属于它自己的故事。

现代张小泉龙凤金剪为双股剪，两盘中间用销钉固定连接，销钉处镶散红宝石，剪头刀片用优质不锈钢制作，采用进口设备磨削，在一面剪体上激光打印"张小泉"防伪商标和"龙凤呈祥"四个字。脚柄采用龙凤浮雕图案并用 24K 镀金，寓意吉祥喜庆，整把剪刀造型规整、色彩华丽鲜艳，是高档的剪彩用剪。

还有一把大名鼎鼎的彩剪是银潭彩剪，它是张小泉为 2000 年西湖博览会特制的剪彩专用剪。该剪刀以西湖风景中最具代表性的三潭印月的塔形为柄环的轮廓，以塔基为剪身，塔顶为剪头，塔身为剪刀连接处。另外，因为 2000 年为龙年，故在剪刀销钉的位置刻有龙形图案，以盘旋的龙身形为阿拉伯数的"2"，而剪体的三个圈，为 2000 年的三个"0"，组合起来隐含了 2000 年之意。剪背刻有西湖风景的图案，剪柄尾部刻有"中国剪刀"字样。银色剪身配合三潭印月的造型，显得素雅大方。

纱剪是专为剪纱线而设计的。纱剪模仿弹簧剪的原理，呈 U 形，但剪身是用不锈钢制成的，剪切角度很小，剪刃极其锋利，使用时按住两边的剪刀背产生作用力，适合剪细纱线。

蟹剪是人们食用螃蟹的好帮手。柄为白色，柄环近似 D 形，便于施力。剪刀头部较尖，刃口锋利且有一定的厚度，可以剪开坚硬的蟹壳。

张小泉款式多样、品类多样的产品来源于张小泉人在继承传统技艺基础上的不断创新。在用途功能上，历代的传承人们结合生活实际与百姓需要，开发创造简便、易操作的刀剪品类；在铸造工艺上，借鉴国外相关工艺，与中国传统工艺相结合，打造出新的工艺制造技术；在刀具上的刻花及雕刻工艺上，结合杭州本地文化打造传奇、传说系列，将杭州相关的传说故事雕刻于刀具上。张小泉剪刀，早已融入人们的生活并成为其必不可少的一部分，也在人类传统手工艺文明史上散发着璀璨光辉。一把简单的剪刀却传承着意义非凡的文化与情感。它是中国传统手工艺文化的代表，也是几百年来那份工匠精神从未变化的象征。

张小泉后辈的心声：
代代传承，历久弥新

张思佳成立"张大隆"剪刀铺时，或许没想到铁器的用途竟然能有如此的广泛。如今呈现在世人眼前的丰富多样、功能齐全的张小泉系列产品，正是张思佳的后辈们与时俱进的创造。如果他能够看到今天张小泉系列产品的模样，不知道会是一种怎样的欣慰和自豪。

上文说到，酷爱巡游江南的乾隆帝因躲雨步入张小泉剪刀铺中，顺手带回紫禁城的剪刀得到天子的青睐，遂成贡品，名噪一时。在那之后围绕着张小泉还发生了哪些有趣的故事？荣获了哪些殊荣？张小泉产品是如何从一把单一的剪刀演化为如今的系列刀具的？张小泉剪刀铺又是如何从个人店铺变为现代化企业的？近400年的发展历程中张小泉历届掌门人又遭遇了哪些不为人知的挑战？且看后面的故事……

成为皇室贡品之后的时光

自从被乾隆皇帝御笔亲题"张小泉"三字后，这个招牌总算是被张家坐实了，那些想要抄袭张小泉招牌的店家也碍于天子的威严不敢肆意而为，于是张家很快就碰到了供不应求的幸福烦恼。为满足市场需求，就在乾隆末年，张家后人们开始逐步扩大生产规模，脱离"一人一店"的传统小作坊的形式，迈出了成为现代化企业的第一步。尽管早已美名远扬，市场销量也节节攀升，但张家后人们仍然严格遵守"子从父师，子承父业"的模式，确保产品质量的一流水准，形成了"师傅、工头、业主"三位一体的经营模式。

截至 1890 年，当时的张小泉掌门人张利川去世时，张家剪刀铺的资财已有 5000 银元，制剪坯灶 10 只（每灶 4 人，3 名师傅外加 1 名学徒），加上工场二三十人，店员七八人，总计员工学徒七八十人。因当时张利川之子张永年尚年幼，剪刀铺由他的母亲孙氏代为掌管经营。随着规模的扩大，张小泉剪刀铺的东家已完全脱离生产，但与现代企业所具备的完善管理措施相比，彼时的张小泉剪刀铺缺乏品控措施，使得产品质量出现下滑。当时炉灶师傅常出次品，为避免惩罚，多睁一只眼闭一只眼将产品投入市场，严重损害了品牌形象。

如果说从前的抄袭风波是"不速之客"的外因影响，那么此时的质量下滑就是自身内因导致的，对企业的破坏性更强。为扭转产品质量下滑的问题，孙氏索性把炉灶工徒全部解雇，被解雇的这些师傅徒工有的靠着自己的手艺另起炉灶，自设炉灶和工场朝制夕卖，有的则另投业主，加入别的铁匠铺，而张小泉剪刀铺所需要的坯剪改向各炉坊订购。这一如今看似简单的商业分工行为在当时却需要巨大的勇气：一方面，解雇师傅徒工使得东家已经脱离生产的张小泉剪刀铺失去了自己造血的功能；另一方面，如何保证从别店收购的剪坯质量也是一大难题。不过，颇有商业头脑的孙夫人早已想好了应对之策。

孙氏规定优先采购由本店工徒制作的剪坯，不分旺季淡季，一律现钱收购，且在价格上比其他剪号提高一二成。孙氏的这一做法对于制造剪坯的工坊极富诱惑力：其一，高昂的收购价格能够为工坊带来可观的收益，这一符合市场规律的做法即使放到今天仍有很强的吸引力；其二，张小泉剪刀铺不仅收购价格高，而且以现钱收购，这大大减轻了当时大多数工坊流动资金缺乏的困局；其三，优先收购由离开本店的工徒制造的剪坯体现出原东家的人情味儿，也避免了流失工匠对峙竞争局面的出现。因此，炉坊工人为了脱货求现，盘活资金，维持生活，方便日产日销，十分乐于和张小泉打交道，这一积极性很快化为竞争意识。如此一来，即使没有孙氏的嘱咐，各家工坊也在产品质量方面下足功夫。每天下午，他们总是把大批剪坯送来店里，孙氏拣选之后，把上等货色买下，挑剩的，炉坊工人只得七折八扣，甚至对折，卖给别的剪铺。这样的做法，对作坊工人来说，价格上提高两成，效益得到了保证；对张小泉而言，不仅保证了剪坯质量，也稳定了剪坯来源，并且在市场自我调节的过程中，使得张小泉剪刀铺的质量和名声被更多的消费者了解。如果放在今天，说不定孙夫人有极大的可能成为著名女企业家呢！

随着孙氏采取收购高质量剪坯、精简张小泉剪刀铺组织等措施，张小泉剪刀质量下滑的问题得到遏制。加之供货商为争取张小泉剪刀铺的订单，也为证明自己出产的剪坯质量上乘，主动为张小泉剪刀摇旗呐喊。来自第三方的赞扬可比"王婆卖瓜，自卖自夸"有效得多，这极大地提升了张小泉剪刀的知名度，使之成为当时市面上剪刀产品中的霸主。可正所谓"人红是非多"，张小泉剪刀铺改革的成功又再次招得其他剪刀铺的觊觎。

适时已是清朝统治的最后阶段，紫禁城内的"天赐皇权"愈发受到人们的质疑。眼见清廷连自己的统治都顾不上了，市面上的其他剪刀铺自然不会放过再度爆红的张小泉，各种山寨货再次蜂拥而出。"县官"是靠不住了，孩子又还年幼，作为女流之辈的孙氏决定自己出马护住这一百年品牌。当时社会对女性的要求极为严苛，"大门不出二门不迈""三寸金莲""三从四德"等说法紧紧束缚住女性的正常生活。孙夫人不顾世俗偏见，毅然决然地走上街头，以拦轿告状这一带有悲壮色彩的方式，逼得"现管"钱塘县令颁发"永禁冒用"告示，保住了张小泉这一百年老品牌。

如今，有关这一事件的记载只有寥寥几笔，但我们依旧可以从字里行间感受到孙夫人刚直、果决的性格和她为张小泉这一品牌所付出的心血。现在人们常说："妇女能顶半边天。"那孙夫人可算得上是"女中豪杰"，顶起了张小泉剪刀铺的整个天。

之后，在民国二年（1913），杭县知事周素光仿照钱塘束允泰县令，为张小泉近记剪号颁布了杭县县公署布告第十八号。布告中明确规定：凡杭剪只有张小泉近记剪号的"泉"字不用加三点水，其他所有剪号要么用"全"要么用"湶"。"近记"只能张小泉用，其他店铺只能用音同字不同的其他字。这项规定的实行，既维护了张小泉近记剪号正宗创牌者的地位，又兼顾了其他店号的利益，使杭州制剪业在一个相对公平的舞台上竞争，培育了杭剪的大市场。

20世纪初，随着中西交流的加强，张小泉也有了走出国门的机会。待到张祖盈承业，他带着张小泉的产品在南洋劝业会上获得了银牌奖。1917年，张祖盈试制镀镍剪获得成功，他将剪刀改作抛光镀镍以后，更受顾客的欢迎，产销双方都获益良多。那时，光是制作剪坯就有包炉 40 只，店内自置镀镍工场、抛光镀镍使用机器，弯脚、打磨、检验等 3 道工序仍是手工操作，雇有师傅四五十人，徒工八九人，店员十六七人，这样由张小泉近记直接雇用的员工学徒将近 80 人，加上间接控制的炉灶工徒，共有 200 余人，月产各种大小剪刀 1.5 万—1.6 万把，门市兼批发平均日售金额四五百元，除去成本及一切开销外，可以日赚纯利 100 多元。

此后的数十年里，张小泉的产品不仅获得了农商部褒奖，还在巴拿马万国博览会、美国费城世博会、首届西湖博览会等展会中大放光彩，斩获奖项。特别是张小泉产品在五次全国相关行业评比上均获得第一名的荣誉，系列产品从此远销南洋、欧美一带。在 1929 年，以张小泉近记为首的杭剪销售了约 160 万把，是当时杭剪的最高年销量。

在之后的日子里，由于战乱的原因，张小泉的发展并不总是顺风顺水。一场突如其来的邻火延烧，似乎让张小泉开始走上了一条曲折发展的道路，其先后经历了日寇侵占、物价猛涨，可谓是几度遭遇重创，元气大伤，濒临破产。虽然营业额偶有短暂的起色，可还是没有办法将张小泉拉回正轨。

直到杭州解放，人民政府给予低息贷款，提供原料、订购包销等种种帮助，才使得张小泉近记剪号再获新生，杭州各剪刀炉作和剪刀店重新开始兴旺起来。特别是毛泽东主席在一次讲话中指出"王麻子、张小泉的刀剪一万年也不要搞掉"[1]，极大地鼓舞了制剪工人，更引起各级领导的重视。毛主席的这次指示在张小泉的发展史上具有里程碑的意义。

新的历史时期中，政府对张小泉有着特别的关怀和支

① 《毛泽东文集》第七卷《加快手工业的社会主义改造（1956 年 3 月 4 日）》，人民出版社，1999 年，第 12 页。

持，使得张小泉能够克服困难并顺应时代风向，改名改制、广纳员工、革新技术，实现机械化、自动化生产，改变销售方式，成为中国众多老字号企业中的佼佼者。杭州张小泉剪刀厂在1993年建起中国第一家剪刀博物馆，陈云同志题写了馆名。1997年，张小泉商标被国家工商行政管理总局商标管理局认定为"中国驰名商标"；2006年，张小泉剪刀锻制技艺被国务院认定为国家级非物质文化遗产。2007年，杭州张小泉集团有限公司与富春控股集团有限公司联手，利用张小泉的品牌和富春控股的资金，以打造国际一流的刀剪企业为目标，做大做强张小泉。

2021年9月，张小泉股份有限公司在深圳证券交易所成功上市，成为"中国刀剪第一股"。国潮展新颜，老品牌迈入新征程。

张小泉徒子徒孙们的奋斗

对于"人才是第一生产力"这句话，张小泉应该是有切身体会的，它的发展正是源于一代代匠人们的精心良作。在这其中，除了张家后人们的运筹帷幄、统筹兼顾，当然也少不了制剪人徒子徒孙们的辛勤奉献。剪刀作为日常生活中必不可少的用品，看上去简单，但实际制作过程却异常复杂，从原料到成品的过程要经过冷热加工几十道的工序。锻造剪刀不仅是一件体力活，它同样需要付出大量的时间和精力，加之利润不高，因而在近400年的传承中，真正愿意从事这一行的人越来越少。况且相对于机器的规模化生产，传统手工艺制作出来的剪刀在外观上并不那么精美，年轻人用的也不多，因此对这一行感兴趣的人就更少了。古语有云："世上三般苦：打铁、撑船、磨豆腐。"不到万不得已，父母是绝不会让自己的孩子从事这三种行当的，而做剪刀又是打铁中最辛苦的一种。

丁纪灿，国家级非物质文化遗产"张小泉剪刀锻制技艺"代表性传承人。一只剪，一把锤，构成他简单而忙碌的全部生活。他算是"剪二代"，当年，只有16岁的少年，在第一代制剪师傅——他父亲的敦促下，懵懵懂懂地进入这个行业，承担起养家的重任，自此开启了他一生与剪刀的缘分。

丁纪灿从16岁进入张小泉剪刀厂学习，他吃苦耐劳，任何脏活、苦活都主动去做，毫不埋怨。久而久之，老师傅们也都喜欢上这个勤劳能干的小伙子，毫无保留地把一身技艺都传授给他。当时做剪刀讲究分工，72道工序，每一道都有专人把控品质。"因为我年纪小，大家也都愿意教我，所以我就东学一点，西学一点，渐渐地，72道工序我竟然学了个遍。"不多久，丁纪灿开始在张小泉剪刀厂崭露头角。但真正让他一"战"成名的，却是一批军用剪的制作。

1979年2月，对越自卫反击战爆发，前方战线急需一批锋利好用的军用剪刀来满足医疗需求，这一任务就落到了张小泉剪刀厂的肩上。这不是张小泉第一次承担军需任务了，早在珍宝岛战役时，张小泉剪刀厂就成功打制出了一批结实耐用的军用剪刀。由于珍宝岛地处高寒地区，所以对于剪刀的选材有极特殊的要求，张小泉剪刀厂的老师傅们试验了一种又一种材料，最终锻造出了适应当地环境的一批剪刀。正是因为这次成功的案例，使得张小泉剪刀后来成为承担军需任务的常客。

而现在，虽然同样是锻造军用剪刀，但情况又有所不同。因前线天气十分炎热，战士的血水浸湿了绷带，绷带连着血肉，普通剪刀用起来费时费力且容易伤到战士。军用剪刀，不仅要硬度强、材质好，还要够锋利，咬合力大。要想咬合力大并不难，只要增加剪刀的斜面就行了，但为了配合强咬合力，剪刀脚就不能被轻易弯折，那就必须将其加粗加厚至1倍以上。听着虽然不复杂，但是实际操作起来却困难重重。就在全厂师傅都束手无策的时候，年仅20多岁的丁纪灿挺身而出，接下了这个重任。连续三天三夜，丁纪灿工位上的打铁声就没有停下来过。到了第四天，一把泛着冷光的剪刀摆到了他师傅面前，刀刃一转，百层纱布咔嚓被剪断。"成了！"大家都随之兴奋起来。很快，这一批军用剪刀紧急运抵前线，对救治受伤的战士起了极大的作用。由此，丁纪灿名声大震。

之后的大半辈子，丁纪灿一直都在和剪刀打交道，剪刀对于他而言，既是朋友，又是家人。他就在这样日复一日的平淡生活中坚守着，作为一个在杭州城中默默

大井巷的张小泉剪号旧址已成为南宋御街特色建筑

耕耘的老手艺人，丁纪灿习惯了每日拿起锤子敲打的时光。

如今，丁纪灿作为张小泉剪刀的代表性传承人，坚持在京杭大运河南端的手工艺活态馆里锻造一些手工剪刀，不少人慕名前去收购他打造的剪刀作为藏品。但丁纪灿一直保持着年轻时谦虚的求学心态，他表示："'张小泉'的手艺在全世界范围内都是独一无二的，再加上它的72道传统工序也是非常复杂的，如今我勉强做出来也是融合了十几位老师傅的手艺，而且我现在也还在不断学习，不断进步，不然张小泉剪刀就不能成为活的艺术。"诚恳之态，溢于言表，任何手工艺要紧跟时代潮流，都必须不断改革创新，否则就将被时代淘汰。

如今，张小泉剪刀90%以上的生产工序都由自动化机械生产线实现，随之而来的问题是，传统的工艺在逐渐被遗弃，少数保留的几道手工打造工序也不再有任何进步。再加上许多技艺传承人年事已高，也慢慢退出实际操作的一线行列，致使这一古老的手工技艺出现传承断档，张小泉剪刀的锻造工艺急需后代接力传承。

当被问到手艺传承现状时，丁纪灿面露担忧。如今生活水平提高了，愿意学习打铁这种苦行当的人少之又少，学了还能坚持下去的更是凤毛麟角。再加上这个手艺对于体质的要求，年轻人很少有能吃得了这个苦的。如何把这门手艺传承下去，成为一个亟待解决的问题。而对于丁纪灿，作为一个半生都与剪刀为伴的手艺人，某种程度上，或许称他为"守艺人"更为精确，他用自己的一生，践行了他年少时的初心。

不同于丁纪灿，出生于杭州萧山的施金水因为家庭原因进入了制剪行业。施金水家里有兄弟五人，还有两个妹妹，为了减轻家里的负担，父亲便托关系将年仅 14 岁的施金水送去学习剪刀锻制技艺。冬去春来，他这辈子就再也没有离开过制剪这个行业。做学徒的生活非常艰辛。虽然师傅会包吃包住，但是每天凌晨两三点，施金水就需要起床干活，需完成 138 把"出头"（初步成形的剪刀）后才能吃到早饭，一直到深夜才得以休息。除了要学习和制作剪刀之外，学徒们还需要帮师傅家里干别的活计。据施金水回忆，在当学徒的日子中，有一次他的脚被烫伤了，难以站立，便停下来短暂休息了一下，被师傅发现之后便受了师傅一顿柴棍之打。

在施金水漫长的学手艺过程之中，母亲曾对他说过的"男伢儿（男孩子）要学好技术才有饭吃"的教导深深印刻在了他的脑海中。在当时，一个铺子里有 5 个学徒，按规定学徒不能轻易自学技艺，每个人只能学其中的一个环节。但在施金水看来，自己就是来拜师学艺的，既然要学，就一定得学全套。但奈何自己的师傅不教，施金水只能每天抽出休息和睡觉的时间，将自己仅有的时间压缩再压缩，偷偷溜去别的铺子偷师学艺。

依照祖辈留下来的传统，出师之后的施金水将来也会开作坊，以师傅的身份收徒弟，对其进行指导、传授。尽管施金水培养了不少徒弟，但真正扎根于这一行的人却很少。而在他自己的儿女中，大儿子曾经也做过手工剪刀，但早已转行，小儿子虽然也在张小泉剪刀厂工作，但会的也只是其中的一两道工序，也没有真正进行过系统的学习。施金水在 20 世纪 50 年代通过和一些制剪师傅合作，将张小泉的锻造工艺继承了下来。根据施老先生介绍，制剪过程中，镶钢、缝道、热处理这三个工艺最为重要，如果要将张小泉制剪工艺进行传承，这三项便是重点。剪刀式样并不是那么重要，但是这套技术需要手把手地去传授，去操作，去传承……

根据张小泉公司的调查，能够纯手工从头到尾制成一把完整剪刀的师傅，2006年尚有48人，到了2009年仅存42人，到了2016年已所剩无几……正是这些匠人的坚持，才让后辈得以穿越百年时光，见到那精美绝伦的杭剪模样。

待几时裁剪出杭州天堂般的模样

张小泉从建店至今，已走过近400个年头，从一家名不见经传的剪刀铺一步步发展成为一个充满代表性的"中华老字号"品牌。作为原产于徽州的剪刀，它在清代就实行了"包退、包换、包修"的"三包"制度，从而使张小泉的好名声从小县城走进杭州大井巷，烙印在每家每户的心中。数百年来，张小泉重质量、创品牌、紧跟市场、灵活机动、把握良机、先知先变。它是中国制剪行业的一张亮丽名片，是刀剪行业中第一个中国驰名商标，也是中国第一批"中华老字号"之一，它有着深厚的文化底蕴。它始终坚持着"良钢精作"的祖训，保持着精益求精的态度，将"张小泉"这个金字招牌做大做强。

如今，"张小泉"的名声越传越远。民间常将张小泉剪刀作为嫁女、赠友的礼品，无形中扩大了产品的销路。当时，杭州大井巷、清河坊一带正是繁华的商业中心，各地客商争相购买杭剪，特别是春季，因此产生了一句杭州民谣："油菜花儿黄，小泉剪刀称霸王。"

张小泉凭借其"精工细作"的工艺理念，"坚持执着"的品牌文化和"创新进取"的产品思维，集中展示了杭州手工艺产业的优良特点。它身上所蕴含的匠人精神，不仅仅代表了它自身，更是杭州手工艺精神力量的一种集中体现。

而张小泉也在杭州这座独具魅力的城市的影响下形成了具有地方特色的民间手工艺文化。正如杭州力求"精致"的城市精神，张小泉"精工细作"的工匠态度正是其形成的基础之一。"精益求精"不仅仅是对产品质量的追求，也是杭州人生活方式的体现。为了更好地保护张小泉等老字号，杭州市在古运河畔还专门成立了中国刀剪剑博物馆。

张小泉剪刀不仅着眼于生活中的细小之处，推出了类型丰富、功能多样的剪刀，同时拥有与时俱进的意识和创新能力。清末民初，受西方机械革命和科技发展的影响，中国在交通方面出现了火车、电车，在文化娱乐方面出现了电影、剧院，各种票据和检票的程序也随之出现，因而需要有与之配套的工具，打孔剪便应运而生了。这种对生活细节的关注、勇于创新的精神也滋养着一代又一代的杭州人。杭州手工艺人被世人所称赞的亦在于其的坚守与执着，一段段艰难、困苦的征途换回如今杭州手工技艺的蓬勃生机，这是城市的一段历史，更是民间艺人的坚守史。以张小泉为代表的这一批民间手工艺企业，用它们的工艺理念、品牌文化、产品思维影响着杭州这座城市，它们对于定义杭州的文化精神和塑造"东方文化名城"品牌形象有着重要意义。

如今，当游客们踏入中国刀剪剑博物馆，就能身临其境地感受到"物开一刃为刀，两面开刃为剑，双刀相交则为剪"的独特内涵。剪刀展馆是以品牌划分的，以搭建店铺场景和制剪场景的方式向人们展现了"张小泉"和"王麻子"两个百年老字号品牌的兴盛历史，同时也设置了展品，展示了从秦汉到现在的剪刀的演变和发展历程。参观者还可通过制剪场景的复原，了解一把合格的剪刀的生产过程。而在剪刀展厅的"张小泉和他的剪刀"这一重要单元中，展馆不仅陈列了数百件不同时代

中国刀剪剑博物馆

的张小泉剪刀，还将清代古色古香的张小泉剪刀铺复原，搬进了展馆内。游客可以更加真切地了解到张小泉当时是如何制剪的。

张小泉剪刀是杭州的名产之一，也是建造这座中国刀剪剑博物馆的重要原因之一。剪刀虽然不像刀和剑一般在历史发展的重要过程中拥有一席之地，但是却在生活中有各种各样的用途。而且相较于刀和剑，剪刀与人们的实际生活更为贴近，它是刀具发展长河中的一条亲切支流，与柴米油盐如此亲近，与合家欢聚如此亲近。

多年来，"张小泉"逐渐成为典型的"杭州礼物"。清同治年间，张小泉剪刀就被列为驰名类产品，作为杭剪的唯一品牌，与杭线、杭粉、杭扇、杭烟一起，并称为"五杭"，称雄市场。1929年，张小泉参加首届西湖博览会，赢得中外客商争相订购，因而获得西湖博览会特等奖的最高荣誉。在众多的历史资料中，也大量记载着张小泉剪刀作为杭州特产被外来游客争相购买的场景。中华人民共和国成立后，国家主席刘少奇在出访东南亚四国和朝鲜时，将张小泉剪刀作为国礼赠送给五国元首。现在的"张小泉"更是将城市文化与产品做深度结合，开发出了系列杭州城市礼物。比如仿造西湖三潭印月设计的印月剪，结合雷峰夕照元素及美丽西湖风光的大马士革刀具，以及手工锻剪、福慧剪等众多承载着杭州城市文化印记的城市礼物。希望将"张小泉"带回家的游客，带走的不仅仅是一份礼物，更多的是一份老字号品牌文化之礼，一份特殊的杭州城市文化之礼。

国潮起，万物兴。随着当前国潮文化的兴起，"张小泉"也在积极探索老字号传统文化的创意表达，以期吸引更多年轻人。在中国传统观念中，龙和凤代表吉祥如意。"相思同心龙凤剪"是《狐妖小红娘》和中华老字号张小泉共同合作的一款礼盒剪刀套装。它沿用了传统的龙凤纹饰，镶铜均匀、磨工精细、刀口锋利、开闭自如，金色寓意富贵吉祥，专为婚嫁、剪彩、家居倾力打造。

时光穿梭，钢花溅起，铁匠赋予了这一把把精巧的剪刀以生命。诞生近400年而长盛不衰的技艺，老故事有了新篇章，那剪不断的工匠精神，在新时代中焕发出新的生机……这就是张小泉前世今生的故事：一个百年老字号品牌，一份东方匠心，一柄源自中华的神兵利器。

故事并未结束，待你回家，看看周围，厨房里的刀具、客厅中的剪刀，那里是否有张小泉的身影？

附　传奇中国剪：中国刀剪剑博物馆部分剪刀导览[①]

名称	简介	产品图
民国鸟形瓜子剪	剪刀在发展中延伸出了许多新的功能。这把瓜子剪和一般有两片剪刀刃的常规剪刀形制非常不同。剪身中间有三个孔，可将瓜子、松榛等放在孔中，然后剪下去，就可将坚果壳剪开。该剪外形设计精美，剪头呈鸟形，上面装饰羽毛纹，栩栩如生	
民国铜制打孔剪	长11厘米，最宽处6厘米。清末民初的中国，交通方面出现了火车、电车，文化娱乐方面出现了电影、剧院，也随之出现了车票、影票、戏票和检票的程序。这把民国时期的打孔剪，由铜制成，两片剪爪之间有一道狭长空隙，下片剪头上有一支点，上片底部有一圆孔。使用时将纸质的票塞入空隙里，握住圆弧形的手柄，上下一压，即可在票面上做出圆形标记。手柄中间有弹簧等弹性装置，利于剪刀施力	

①本表根据相关公开资料，由作者整理绘制。

名称	简介	产品图
清民教蜡烛剪 至国堂	长16厘米，最宽处5.5厘米，高5厘米。这把蜡烛剪为铜质，形制独特。一片头部较长，剪尖为三角形，后有无盖的长方体盒子，剪柄与剪尖底部有一支点；另一片头部较短，头部为长方形盖，与长方体盒子可合拢，用于剪灭蜡烛，并可将烛芯暂存在长方体盒子内。剪刀柄环两侧各嵌一枚铆钉作为装饰，柄环以上的剪把为镂空的十字星形，体现一定的西方宗教色彩	
近代大蜡剪底 现意利烛及座	长13.5厘米，最宽处4.5厘米，高2.5厘米；底座长7厘米，高10厘米。该剪由剪刀和底座组成，整体为钢质。底座形似扁平酒杯，底部为八面体，上面刻有意大利文字符号。杯侧有一把环。剪刀可插入底座中。剪刃中部的侧面延伸出一扁平的长方形盒子，用于剪灭蜡烛，并可将烛芯暂存在长方形盒子内。形制美观，充满异域风情	
民国拔针剪	长13厘米，最宽处7.5厘米。拔针剪为拔针用的剪刀，当针插进比较坚硬而质密的编织物时，需要用拔针剪将针头拔出。这把拔针剪为民国时期物品，铜质，刀头为平头，两片剪刀刃呈长方体状，和一般剪刀有区别，比较类似钳子。闭合时剪刀刀头如"互"字形，并在靠近剪刀柄的根部刻有四条平行的短线作为装饰。柄环为大把环，使用时手感舒适	

第二章

杭伞：亭亭华盖扬美名

　　伞是如何起源的？这是一个直到今日也说不清楚
的问题。但在中国，古往今来保留的文献与材料足以
令人们展开对这一问题的无限想象。说到雨伞，特别
是江南的雨伞，首先浮现在人们脑海中的是否是那位
"结着愁怨的姑娘"？耳边是否会回响起那熟悉的声
音："撑着油纸伞，独自彷徨在悠长、悠长又寂寥的
雨巷"？

　　说到杏花春雨江南，思绪自然和水联系到一起。
大地上水网纵横，天空中烟雨弥漫，小巷间薄雾蒙蒙。
尤其是每年6—7月，江南正值梅雨时节，阴雨连绵，
天上的云经常浓得化不开。这段时间恰好是梅子变黄
成熟的时候，所以古人就把这种天气现象称为"梅雨"。
梅子黄时雨，那时江南到处是湿漉漉的。这是水样的
江南，水样的杭州。对居住在这片土地上的人来说，
伞自然是必备之物。这样看来，是多雨的江南为杭伞
提供了大展拳脚的舞台，而样式各异的伞具也为这片
被水滋润的土地添上了一抹明媚的亮色。

　　去过西湖断桥的人，总会想到那把雨中的伞，那
把在许仙和白娘子相遇时扮演了举足轻重角色的伞。

西湖，因一把伞，衍生出亘古未有的美丽，伞和湖结下不解之缘，让一个地方、一座城市充满了迷一样的诱惑。无论风雨阴晴，那一柄柄在西湖边撑开的伞，总是那样姿态纷呈，引人遐想，叫人痴迷。凭借灵巧的造型、鲜艳的色彩、美妙的传说，西湖绸伞毫无疑问是江南旖旎风光中最曼妙、最灵性、最醒目的一朵花瓣。

桃红柳绿的春季，湖水如镜，伞影满堤，铺陈出一幅天然而迷人的流动风景。在中国数千年的发展历程中，伞的千年历史熠熠生辉。而丝绸，更是在诞生后不久便被当作一种伞面材料。到了唐代，随着丝绸的普及，绸伞的流行范围愈加广泛。到了南宋时期，绸伞种类更是繁多，各种绸伞随处可见。而到近代，西湖绸伞脱颖而出，成为绸伞家族的杰出代表。绸伞的变迁，一方面反映了城市不断变迁延拓，另一方面体现了无数能工巧匠为传承绸伞制作技艺呕心沥血的过程，让西湖绸伞发展愈发充满如花韵致、人文情怀。西湖绸伞以江南地域文化、西湖人文风景为主要创意元素，具有典型的江南气质，伞头、伞骨、伞柄、伞面、伞扣等部件的设计造型无不浸透着西湖的自然风情与灵性色彩，因此甫一问世便受到世人珍爱。其独特的工艺，环环相扣，使得竹与伞融为一体。撑开为伞，收拢成竹，让一把伞的形与神在竹与伞、伞与竹之间转换变化，魅力无穷。

西湖绸伞是以绸缎作为伞面的雨伞，因为有了五彩织锦的点缀，让它从普通的雨伞中脱颖而出。从古至今，在西湖边柔柔雨丝的温婉风景中，曾上演过不知多少动人的故事，人们手中的杭伞则是这些故事和传说的见证人。细雨湿衣看不见，闲花落地听无声，在丝丝缱绻的江南细雨中，杭伞以竹为骨，轻舞倩影，被寄予了万千情思，摇曳出多少风情。

仿佛天生就属于江南的雨伞，是杭州特色传统手工艺品家族里极受偏爱的"小妹妹"，自打西湖绸伞问世之后，便深受国内外人士的喜爱，人们纷纷赞誉其为美丽的"西湖之花"。杭州崇文，具古风，名流雅士给予了绸伞遮风挡雨以外的活力，而它的存在也丰富了杭城百姓的坊间趣闻。

随着汉纸的发明，到魏晋南北朝，上了桐油的纸成为伞面材料，油纸伞成为人们主要使用的雨具，至今已有 2000 余年的历史。油纸伞在多雨的杭州自然大放异彩，成为人们居家必备的伙伴。西湖绸伞是杭州特有的手工艺品，始创于 20 世纪初。西湖绸伞制作技艺于 2008 年被列入国家级非物质文化遗产名录，是杭州市重点保护的 33 类传统工艺美术品种和技艺之一。

和其他诞生于杭州的工艺品有所不同，杭伞有着非同寻常的"成长经历"。例如西湖绸伞的出现就和都锦生联系紧密，这位号鲁滨的杭州人于 1919 年毕业于浙江省立甲种工业学校，后留校任教，1922 年在杭州茅家埠办都锦生丝织厂，在不久后赴日考察的过程中受到启发，以日本绢伞为样，与竹振斐、王志鑫等人共同研制，就地取材，试制第一把西湖绸伞并终获成功。从此，西湖绸伞浸入了这一方"山色空蒙雨亦奇"的人间天堂。

一柄绸伞，或许蕴含着对一个人、一座城最宝贵的记忆。如花美眷，似水流年。伞上一片晶莹，伞下一份深情……

鲁班：巧匠偶有"不巧"，
造伞天才另有其人，哥不掠美

中国古代历史上有一些工匠的名字被人们所熟知，比如主持建造唐朝大明宫的阎立本，主持建造隋朝新都大兴城和东都洛阳城的宇文恺，建造了举世闻名的赵州桥的石匠李春，铸造赫赫青铜名剑的中国古代铸剑鼻祖欧冶子，世代造琴的雷氏……尽管人们已经很难在历史的长河中准确评估、比较每一位工匠的贡献，但当炎黄子孙聊到土木工匠的祖师爷时，鲁班这个名字可以说是无人不知、无人不晓的。文史中也有不少有关鲁班的成语和典故，能工巧匠、输攻墨守、班门弄斧，想必大家都不陌生。传说中，鲁班还和杭伞有所关联。鲁班，相传姓公输，春秋时鲁国人，被后世尊为中国工匠祖师。他拥有高超的技艺，种种发明在世人中流传甚广，全因这些创造便利了人们的生活，节约了人们的时间。

作为中国建筑界的鼻祖人物，鲁班的故事一直在坊间广为流传。出生于春秋战国时期的鲁班得到了很好的发展机会，因为列国争雄的缘故，提升生产劳动力在那段时期被大力推崇，鲁国也非常渴望得到研制机巧类物件的人才，并期待从他们灵活轻巧的手中发明出一件件神奇的器具。由于鲁班擅长制造各式各样的工具，于是人们自然而然地认为雨伞也是他的"专利"。但其实，没有多少人知道，真正"深藏功与名"的是鲁班的妹妹，而且与杭伞密切相关……

妹妹造伞之前，下雨了可咋办？

自人类诞生以来，"天有不测风云"的道理就伴随着人们的生活，正如同当今的人们需要避雨以免感冒，原始人类因缺乏必要的医疗手段更需要寻找避雨的手段。上古时，"伞"的概念还没有出现，"华盖"可以算是它的祖先。"华盖"是一种伞状遮蔽物，起源于上古时期的五帝时代，晋崔豹《古今注·舆服》记载："华盖，黄帝所作也，与蚩尤战于涿鹿之野，常有五色云气，金枝玉叶，止于帝上，有花葩之象，故因而作华盖也。"它最初是黄帝制作的，当初与蚩尤在涿鹿平原作战时，黄帝头顶上方常常有五彩祥云，云气缭绕，似金枝玉叶般，跟随着黄帝，好似一团神奇的花朵，十分瑰丽，黄帝因而做了华盖。

此后，华盖成为权力、吉祥、神佑的象征，表示荫庇天下黎民，成为后世帝王贵族的御用品，后来又渐渐衍生出"翠盖""芝盖""凤盖""鹤盖""罗盖"等。因为往往在出行时使用，所以华盖也被称为"仪仗伞"。历代帝王或外出巡游，或皇室宴享，出行总要乘华丽的仪仗伞，不仅遮风避尘，而且也有助壮威仪的作用。

随着社会制度的完善，不同身份地位的诸侯百官、公卿大臣使用仪仗伞时，在数量、范围、大小、规格以及色彩、材料等方面都有严格的规定和等级区别。在汉代，据《后汉书·舆服志》记载，皇帝、太皇太后和皇太后使用羽盖，太子和皇子则使用青盖，二千石及以上官员为皂盖，等等。

魏晋南北朝是中国历史上的民族大融合时期，北方的鲜卑族南下入主中原，他们的骑射风俗也因此被带到了中原。《事物纪原》卷八《舟车帷幄部》云："晋代诸臣皆乘车，有盖无伞。元魏自代北有中国，然北俗故便于骑，则伞盖施于骑耳。疑是后魏时始有其制也，亦古张帛为伞之遗事也。高齐始为之等差。"仪仗伞的使用，增添了许多雅趣，当时许多绘画、墓葬壁画、石刻雕塑中记录了帝王贵族出行的场景，以曲柄伞盖和旗、旄的组合为主。比如著名画家顾恺之据曹植《洛神赋》而作《洛神赋图》，里面就有仪仗伞，华妙生趣。隋代皇室的仪仗制度添加了雉尾扇、紫伞，皇宗及三品以上官用青伞

唐代阎立本《步辇图》（局部）

朱里，普通士人用青伞碧里。

宋朝时期，我国民间商业大为兴盛，越来越多的人需要远行从事贸易活动，雨伞自然是出门的必备之品。因为人们长期在外，对雨伞的质量和可靠性提出了更高的要求，而民间的制伞工艺日趋完善，所以在民间的礼仪活动中也多能见到伞的身影。《梦粱录·嫁娶》载："至迎亲日，男家刻定时辰，预令行郎，各以执色如花瓶、花烛、香球、纱罗洗漱、妆盒、照台、裙箱、衣匣、百结、青凉伞、交椅，授事街司等人，及雇借官私妓女、乘马，及和倩乐官鼓吹，引迎花檐子或棕檐子藤轿，前往女家，迎取新人。"民间制伞用纸采用一种"油纸"，就是涂抹上油脂以防水的厚纸，"油盖""油伞"等别称皆因使用油纸而来。宋代陈师道在其《马上口占呈立之》诗中即提到这种伞："转就邻家借油盖，始知公是最闲人。"

发展到明代，制伞已经形成一门独特的手艺。明代崇祯年间，杭州的商业已有辉煌的发展和繁荣的历史。早在唐宋之际，杭州就有"东南第一州"的美誉，到南宋，它既是全国的首都，又是经济、文化、商业中心，也是世界一大都会，"西湖商贾区，山僧多市人"就是当时商品经济繁荣的写照。然而在元朝，杭州天灾人祸不断，商业日趋衰落，进入低谷。至明代，杭州因商业逐渐恢复和发展起来，成为全国较大的商业城市之一。昔日的繁华逐步恢复，商业的发展也带动手工业的繁盛，这一时期，杭州陆续出现了很多蜚声中外的名产，如杭剪张小泉等。

为了遮风挡雨，聪明的人类研制出了三种"避雨神器"。首先，最常用的一种雨具是蓑衣，这是人们就地取材制作而成的应急避雨物。尽管有"青箬笠，绿蓑衣，斜风细雨不须归"这样充满诗情画意的名句形容它，但这只是诗人对江南春色的浪漫表达。事实上，蓑衣的形象往往和弯腰低头的姿势联系在一起，是田间劳作时御雨的物品，即便在文人画中它也顶多能去钓个鱼。因为蓑衣的形制主要庇护的是后背，而不是前胸，它一般分为两截穿着，肩上一件如短斗篷，身上一件如围裙，手部没有特别的遮挡，这样就比较便于劳动。它的材料多用蓑草，因为这种草随处可见，且表皮比较光滑，雨水不容易渗透，此外还会使用其他疏水耐腐的材料，如棕丝棕皮、高粱叶子等等。蓑衣由于缺乏对前胸的保护，加之以野草作为材料编织而成，粗糙扎人，因而人们渴望改进这一原始版本的雨衣。

自明代以后，随着人们需求的增加，蓑衣被改进为更高级的雨衣。比起蓑衣，雨衣更接近"衣"的样子，制作程序也更加考究，材料种类也逐渐增多。刘若愚《酌中志》中对雨衣有着这样一段描述："雨衣、雨帽，用玉色、深蓝、官绿杭绸或好绢、油为之。先年亦有蚕茧纸为之，今亡矣。斗钵式，有道袍式加褙者。御前大臣直穿红之日，有红雨衣、彩画蟒龙方补为贴里式者。"这里面提到的蚕茧纸，应该是一种细密光滑的纸。早期有人认为它是绵茧做的，后来学者考证认为应该还是植物纤维所制，只是光泽较好。有文献记载：宫廷内官所穿的雨衣是由一种柔软又珍贵的玉草织成的，名为"玉针蓑"。人们所熟知的《红楼梦》中贾宝玉身穿的就是这种雨衣。

除了雨衣和蓑衣外，雨天还要考虑到土地的潮湿泥泞，于是就有了第二种工具——雨鞋。雨鞋在各个阶段中都有着不同的名字和样式。最初，下雨天人们常穿的是"泥屐"。因为毕竟是要泡水的，所以工匠一般选用好一些的木头来制作。它的长相有些奇特，鞋面只有半个，做得比较宽敞，方便在不脱鞋的情况下套穿这个"泥屐"，以达到保护普通鞋子的目的。诗文中常提到的则是"雨屐"，如"烟舟撑晚浦，雨屐剪春蔬"，不过没有更多形容，不太能确定究竟是何种形貌的。先秦时期有一种鞋，名为"舄"，有双层鞋底，底层涂蜡，这种鞋只有贵族穿，普通百姓穿的还是用草编的雨鞋。此外，还有一种称作"屐"的鞋，穿着很方便，只需套在布鞋外面就可以了。讲究一点的会涂蜡，称作"蜡屐"。明清时期在江南地区兴起了一种钉鞋，也叫"铁屐"，顾名思义就是在鞋底装钉子，鞋面涂桐油，可直接套在常鞋之外，不单独穿着。

第三种下雨天时所使用的工具自然就是雨伞了。从现有历史记载来看，雨伞在中国的历史也可以追溯到2000多年以前。有一种传说"云氏劈竹为条，蒙以兽皮，收拢如棍，张开如盖"，意思是说鲁班的妻子云氏将竹子劈砍为条状，在上面蒙上兽皮，收起来时形如棍子，打开的话则如同盖子。

东汉蔡伦改进造纸术后，纸张的产量得到提高，质量有所改善，类型也更为丰富，这也影响到雨伞伞面的选材。从此之后，兽皮伞面逐渐被油纸伞面所取代。到了现在，杭州的伞已成为地域文化的一种优美的具象标识，成为杭州文化的名片之一。它不仅是浪漫的文学意象，如戴望舒《雨巷》中的油纸伞，而且是影视文学中唯美爱情的象征，如西湖断桥上白娘子和许仙因借伞而生发的佳话。在温暖的现实生活中，杭伞成了人与人之间美好情谊的礼赠佳品。当然，正如同如今的西湖绸伞已经由曾经的实用品变为艺术品一样，当雨伞和充满人文气息、浪漫色彩的杭州结合在一起时，自然会生发出不一样的传说，比如"鲁妹造伞"就是杭州特有的造伞故事。

一场大雨浇出的鲁家"内斗"

传说，这一日鲁班和鲁妹慕名来到杭州游赏，只见太阳光芒四射，山峰郁郁葱葱，河道清澈见底，果真是一派山清水秀的江南美景。两人兴致正高之时，突然刮过一阵大风，乌云遮蔽了太阳。尽管舍不得这一方美景，但兄妹二人还得先找地方避雨才行。鲁妹看着淋得像落汤鸡一样的哥哥，笑着说："哥哥，你的手艺这般巧，但是碰到下雨天便一点办法也没有啦！"这句话可让当时已在工匠界有所成就的鲁班哭笑不得。他暗暗心想：怎么会没有办法呢？造一座避雨亭对你哥哥我来说不是极为简单的事情吗？于是，他反击道："这有何难，不就是制造一件遮风避雨的物件吗？"可是他没有料到，妹妹之所以会出言相激，其实是早有准备，就是要哥哥接下这挑战。大家都只知道出生在工匠世家的鲁班拥有高超的制作工艺，却忽视了他的妹妹也拥有着不可小觑的实力。正是为了证明自己，鲁妹一直想找个机会和哥哥切磋切磋，这下正好在游览杭城时等到了由头。

作为春秋时期最有名的能工巧匠，鲁班对自己信心满满。面对妹妹对自己发起的挑战，再想到自己曾经在妹妹面前吹嘘过"天下无人能比过我的手艺"，于是欣然接受了这场挑战。鲁妹立即向哥哥下战书："我想同你来比一比，我们各自去造个东西，要让人在下雨天也同样能自在赏景，看谁的办法好。"听到妹妹要同自己比赛，鲁班面不改色地回答道："好，比就比吧！但要定个时间，三天为期，如何？"鲁妹听了摇了摇头，鲁班以为妹妹担心时间不够，便大度地说道："那你说要多少时间？"鲁妹却说："就今天一夜的工夫，到鸡叫为止。"鲁班听了心里一惊，但还是面不改色地说道："好，一言为定。"鲁妹笑眯眯地说："咱们骑驴看唱本——走着瞧吧。"当夜，两人就分头行动了起来。这场杭城大雨浇出的鲁家"内斗"会以怎样的方式结束呢？
绸伞又是如何问世的呢？

班门弄"伞"，居然被"半个亭子"完胜

建造一座避雨亭对于巧匠鲁班来说并不是什么难事，只要有足够的材料，再加上他娴熟的手艺就能在最短的时间内造出视野最广、避雨范围最大的避雨亭。

鲁班把山里找来的木材，刨得干净光洁，雕上花，用它做了四根柱子，然后再盖上顶，最后在翘起的屋顶四角，挂上了会随风叮当响的铜铃。做完这些，鲁班悠闲地坐在亭子里，心想：这总应该淋不到雨了吧！这个避雨亭不仅能保证大家不被雨淋，而且也不遮挡大家欣赏美景的视野，简直一举两得！

话说鲁班造好亭子，回到屋里，偷偷跑到他妹妹房间的窗沿下偷听，却未听见一丝一毫的动静。他觉得不放心，于是在四角亭边上造了一座六角避雨亭。等他再次回家，发现他妹妹还是毫无动静，便自觉已经赢了比赛，于是兴奋地跑到自己刚刚造的两座避雨亭边上，又乒乒乓乓地造了一座八角避雨亭……

就这样，鲁班一口气造了九座式样不同的亭子。正当鲁班开始造第十座亭子的时候，鲁妹偷偷地跑了出来，看到鲁班已经在这片城郊处造起了九座亭子，正胜券在握地造第十座，她便偷偷学了一声鸡叫。鲁班一听到鸡打鸣，以为天亮了，就停工不再造了。

其实，如今在西湖景区，就有不少亭子，光听名字就美得不可方物：波香亭、过溪亭、冷泉亭、凝紫亭、夕影亭、月波亭……亭子具有中国古典建筑的典型结构和特

点，它既具有非常实际的建筑功能，比如避雨休憩，又同时具有独特的园林美学功能，具有多种风格，能够表达中国传统审美的意蕴。而且，"亭"出于"停"，传达出东方式舒缓自然的优雅生活态度和处世价值。

过了一会，鸡真的叫了，朝霞映着红色的亭子，显得格外美丽。鲁班一边坐在亭子里满意地欣赏自己的杰作，一边心中暗暗高兴：这次我赢定了！正当他越想越入神的时候，突然一只孔雀闯入了他的眼帘。他定睛一看，原来是妹妹拿着一卷花布走了过来。只听见嘭的一声，那花布像一张大荷叶似的张开，小妹握着一根竹竿，挑着那个荷叶，那东西表面看着和张开了角的亭子很相似，但它内里却大有乾坤，每个角下面除了绑着黄澄澄的绸须须，还秀了凤凰牡丹图。造型极为巧妙，鲁班大吃一惊。

制作杭伞塑像组

鲁班没想到妹妹能做出自己从来没见过的"怪东西"，赶紧一伸手从妹妹手中拿过来，定睛一看，这东西是用竹子做的，有三十二根长竹条，三十二根短竹条，长竹条与短竹条之间，装有灵活的插销，要用时一张就散开来，不用时一收就缩拢去。真的是又轻巧，又玲珑，又美观。鲁妹于是打趣鲁班："哥哥，我这'半个亭子'可以抵得上你千千万万个亭子。下雨天，你只能坐在亭子里面远目眺望；我撑着这'半个亭子'，却可以随人而行千里。"鲁班赶紧向小妹讨教是哪位高人指点的高招，鲁妹指着自己的脑袋说："是我自己想出来的，我观那雨中荷叶的姿态与传统亭子的结构，忽有灵感将二者结合，便有了它的诞生。抱着老黄历不思革新，早晚会落伍的。"哥哥甘拜下风，尽管自己建造了十座亭子，但都是固定的，耗时费力，而妹妹制作的遮雨器具虽小，但便于携带，易于生产，自然具备广泛普及的潜力。

鲁妹造的这"半个亭子"因为是在下雨天，形状一张可以散开来，起初大家叫它"雨散"。后来，有个喜爱造字的人，依着这"半个亭子"的样子，造出一个"伞"字，人们看看很像，就都用起"雨伞"两个字来。至此，杭伞祖先"伞"的故事就告一段落了，而杭伞的传承发展还得依赖之后的几位有缘人。正是因为他们的创意和坚持，才让杭伞逐渐被世人所熟知，使得西湖绸伞成为世界雨伞界的一抹亮色。

鲁妹造伞的故事虽是民间传说，却在一定程度上反映了伞在杭州手工业产品中的地位，它不仅承担着生活必需品的角色，而且是一种文化象征。并且在民间，还流传着伞可以辟邪的说法。小孩满月后，父母会撑着伞抱着孩子到外面去兜一圈，如此一来，小孩便可以消灾除难。这种风俗，至今仍在江浙一带流行。相传有人去世，向亲友报丧者，必要手携一把伞。在中国古代的许多戏曲中都曾以伞为道具刻画人物的形象。南宋杭州的《白蛇传》故事中，就有一把连接了许仙与白娘娘之间爱情红线的纸伞。中国古代的"走索"，就是用雨伞来作为杂技演员在高空行走时的平衡道具，用伞作道具不仅巧妙，也使杂技表演富于色彩和美感。

都锦生：一生经营织锦，
绸伞只是美丽的插曲

杭伞的发展大致可以分为从柿漆纸伞到油漆布伞再到钢骨尼龙折伞这一过程，而其中的重要一环则是西湖绸伞。西湖绸伞产于杭州，以西湖风景绘画为特色，是一种具有江南风味和民族特色的工艺品。它造型精巧，色彩鲜丽，远销亚、欧、拉丁美洲的许多国家和地区。西湖绸伞诞生于 20 世纪初，早期的绸伞比较粗糙，色彩也单调。中华人民共和国成立后，西湖绸伞开始了它的黄金时代，由季节生产变为常年生产，质量越做越好。如伞面最初是用土丝绸做的，之后改用高档绸，花色多种多样，有单色的，也有套色的，在秀丽的伞面上又施展刷、喷、画多种工艺，伞面上的西湖风景、花鸟、山水等图案，美观大方。最早做伞骨的竹，虽取材于浙江独有的淡竹，但容易被蛀蚀，现在经过处理，就不容易被蛀了，而且粗细适度，色泽光亮，竹身挺直，任凭烈日曝晒也不会弯曲。过去糊绸伞用的是阿拉伯树胶，易脱落，现在改用乳化胶，遇水不脱，更加牢固，而且张开时是圆形的伞，收拢时，伞面不外露，看上去是一段淡雅的圆竹。西湖绸伞品种繁多，有刷花伞、刺绣伞、绘画伞、刻骨伞，上有西湖风景、黛玉葬花、嫦娥奔月、断桥相会等图案，增加了绸伞的艺术欣赏价值。有一位外宾参观西湖绸伞

防雨刷花绸伞

厂，在留言簿上写道："来到此地，好像置身于开满鲜花的园地。"

　　时光倒回到 1917 年，一位家住西湖边茅家埠，名唤"都锦生"的杭州小伙子以优异的成绩考进了浙江省立甲种工业学校，从此开启了他和丝绸的一生之缘。当时中国正掀起抵制日货、实业救国的时代热潮，都锦生深知唯有发愤图强，革故鼎新，才能振兴民族企业，救国于实业。在学校求学的这几年，他如饥似渴地汲取知识、开阔视野，为日后的成功创业打下了坚实的基础。此后，他的满腹才学助他将都锦生丝织厂经营得有声有色。

　　尽管杭州在当时已经是小有名气的国内旅游名城，也吸引了一些海外游客前来消费，但那时的中国积贫积弱，处在内忧外患的艰难时刻，广大百姓连基本生活尚不能保证，又哪里有能力消费作为艺术品的都锦生织锦？因此，自打都锦生创业的第一天起，他就面临着企业生存的挑战。如何弥补淡季生产的不足？是否开发与丝绸织物有联系的新产品？正是因为他的思考，最初的西湖绸伞雏形就这样应运而生，成为伞家族中新的一员。但他也许未曾感知到，西湖绸伞只是他生命里一段美丽的插曲，最终他的名字将在中国近代丝绸发展史上占有举足轻重的地位。

作为老杭州，出门怎敢不带伞？

位于长江三角洲的杭州，每逢初夏就会受到因东亚大气环流在春夏之交季节转变产生的梅雨的影响。尽管杭州的梅雨季节一般只有1—2个月，雨量也不会太大，但实际上江南的雨带来得早，退得晚，降水时空差异极大，再加之东面海上不时形成的台风，在杭州的某些暴雨天，雨帘如决堤的洪流砸向大地。

于是，诸如"墙面渗水""大街看海"等现象不胜枚举，古人更是深感头疼。在雨伞被创造出来之前，每逢梅雨季节，杭城百姓出门就得看老天爷的脸色，若是运气不好，就得被绵绵梅雨憋在家里；实在有急事，只能披着扎人的蓑衣冒雨外出；运气最差的莫过于在路上遇上下雨，那只能自认倒霉，就近找一处亭子避雨。直到人们发明了雨伞，上达天子权贵、下至黎民百姓，雨伞都成了他们的必备之物，备受梅雨折磨的杭州人更是欢呼雀跃。在之后的岁月里，雨伞便成为杭州家庭的必需品。对于那些常年在外的旅人，雨伞更是其必备之物，而最具有代表性的人物莫过于偏爱浙江的徐霞客。

明代地理学家、旅行家、文学家徐霞客一生热爱旅行，足迹遍及祖国的五湖四海，所行约30年，所记60余万字，后人整理为《徐霞客游记》，被誉为"世间真文字、大文字、奇文字"。此书既有地理学的客观知识，也兼有文学性的浪漫文笔，自问世以来备受世人的推崇。以山水闻名的浙江，徐霞客与之结下了深厚的渊源。他曾七次游浙，浙江是他游览次数最多的省份。在第七次游浙时，徐霞客写下了著名的《浙游日记》，这篇游记不仅记录了地理风貌，而且还饱含着本地的风土人情。《浙游日记》有记载："双龙则外有二门，中悬重幄，水陆兼奇，幽明凑异者矣。出洞，日色已中，潘姥为炊黄粱以待。感其意而餐之，报之以杭伞一把。"

尽管只有短短几行文字，却将徐霞客的旅途见闻、探索精神，乡野山民的质朴活灵活现地表现了出来。那一日，徐霞客来到金华双龙洞，眼前出现两个水帘洞，风光奇异。在进洞一番游览后，待徐霞客出洞时，已经是中午时分。尽兴而归的徐霞客这才觉得饥肠辘辘，可荒郊野岭哪有客栈可寻呢？正在苦恼之际，居住在双龙洞旁热情好客的潘姥已经为他准备好饭菜和茶果，周全备至。徐霞客感怀潘姥的盛意，将自己收藏的一把杭伞送给老人，以表达真挚的情谊。

徐霞客可能也未想到，他送给潘姥的"杭伞"早已进了中国伞博物馆。今天已经有了最时尚的"竹语文化礼品伞"了，它是由浙大城市学院和杭州天堂伞业有限公司共同研制的，具有以下几个特点：一是在传统伞的结构基础上制造出现代伞骨的结构设计，全以竹为材料；二是伞面不是布，也不是绸，而是竹材，并且加防雨胶涂层；三是内嵌吸铁石，能自动收合，是人机工程与现代工艺有机结合的精品；四是把手的造型设计，不仅实用，而且美观。这种新型的"竹语文化礼品伞"一经问世，便广受青睐，并且获得了国际上的两项设计大奖——"国际 iF 工业产品设计大奖"和"红点设计大奖"，这都是目前国际设计界顶级奖项。获此殊荣的"竹语文化礼品伞"，是对传统手工艺品进行现代创新演绎的精品产物。

说完了伞的故事，接下来就要谈谈丝绸的来源。如果说伞是雨具的筋骨，侧重凸显伞具的实用价值，那么绸就是西湖绸伞特有的肌肤。丝绸，或许是最能代表中国文化的艺术品之一，它比伞的历史更悠久，已有四五千年的历史。因而在古代，不仅有丝绸之路连接东西方，还有"锦上添花""繁花似锦"等家喻户晓的成语。"锦"是丝织物十四大类中的一类，是指经纬丝无捻或加弱捻，采用先染后织的方式制成的织物。

"锦"是具有多种色彩花纹的丝织物，色彩一般多于三色，其外观瑰丽多彩，花纹精细高雅。而织锦是用两种以上的彩色丝线提花交织的多重织物，它质地厚重、织纹精细、色彩瑰丽、工艺复杂，代表了丝绸织造的极高水平。其花纹有两种织法：一是经丝彩色显花，又称"经锦"，采用单色纬线和多色经线织出花纹，织造时只用一把梭子，生产效率比较高，但色彩较为单调；二是纬丝彩色显花，又称"纬锦"，采用单色经线和多色纬线来织出花纹，织造时使用两把梭子，容易变换色彩，花纹色彩丰富，但生产效率相对低一点。

中国的织锦艺术起源可追溯到西周时期。在《尚书·禹贡》中就写道："扬州……厥篚织贝"，说明在商周时代就有锦的丝织物。据汉代学者郑玄解释："贝"是一种锦的名称，用预先染好的丝，按贝的色彩花纹织成。到汉代，织锦技术已达到很高水准。从西周到南北朝，织锦则以平纹经锦为主，以丰富的经线色彩的变化来呈现花纹。唐代，织锦工艺技术发展很快，除了织锦从平纹经锦变为斜纹纬锦外，花色品种也逐渐增多。此外，由于吸收了西亚及印度外来文化的影响，织锦纹样题材更为广泛，造型圆润丰满，色彩鲜明富丽。

到宋代，织锦改变了原先纹、地组织统一的织法，为了凸显纹样，特意将花纹与地纹的组织分开，同时在纹样造型上吸收了宋代画院写生花鸟画的技法，从而使工艺及艺术格调有了显著的提升。元代，使用大量金线织造的织金锦风靡一时。纹样设计以粗壮简练的造型来适应较粗的金线材料，组织设计采用一组"接结经"来固结起花的金线，使金花更加闪亮。

明清时期的织锦，受到当时"图必有意，意必吉祥"之风的影响，以寓意吉祥的图案为主，同时吸收宋元以来织锦工艺的优点，将经丝分为"地经"和"特经"两组，特经由"花本"控制，地经用"综"控制，使织锦正面花纹更加突出，背面浮纬更加固结。六下江南的康熙皇帝曾对江南一带的丝绸产业评价极高，言："朕巡省浙西，桑林被野，天下丝缕之供皆在东南，而蚕桑之盛惟此一区。"到了近代，中国织锦的产地遍布全国，品种繁多，各种独特的带有地域文化色彩的织锦愈发吸引世界的关注。

杭州作为江南的织造中心之一，织锦的技术自然也不容小觑，其中最受瞩目的便是都锦生。融传统织锦的精华及西湖山色的妩媚于一体的杭州都锦生，是现代织锦园地中的一颗明珠。都锦生既是一个人名，又是一家百年企业，正因为有创始人都锦生的深谋远虑，才诞生出了年轻绚丽的西湖绸伞。

杭州的丝织产业发展为何如此迅速？这得益于得天独厚的自然资源条件。杭州地势平坦、土壤肥沃、雨水充足，桑叶肥厚且营养丰富，利于养蚕吐丝，织造原料充足。再加上古时种桑养蚕的收入远高于种棉、稻等农作物，且因着隋代南北大运河的凿通，杭州水运交通变得十分发达，有利于商品的流通、贸易的往来，以上种种因素综合作用，带动了当地丝织产业的兴起。尤其是中唐以后，随着丝绸的普及，还未经雕琢的西湖绸伞前身——绸伞已经现世，同时受到了王公贵族们的喜爱。南宋时期，临安已经发展为全国"制伞中心"，市场上绸伞种类繁多，有大小黄罗伞、清凉伞等。同时，丝绸也随着海上丝绸之路和西域丝绸之路远赴西方世界，让异邦人为之眼前一亮。

清末以来，随着公路、铁路等交通的发展，杭州这块宝地依托京杭运河和各条公路的便利成为中国迈向现代社会的先行者，本土的丝绸业也处在历史发展的紧要关头，既有挑战，也有机遇。这样看来，生于此时的都锦生既是站在巨人的肩膀上，有机会汲取丝绸之府千年传承而来的宝贵经验，也承担着"天将降大任于是人也"的"劳其筋骨"之责，需要推进中国丝绸向着更高的层次发展。因为此时日本、欧洲等地也掌握了丝绸的制造技术，加之现代化工业体系的建立，使得它们生产的丝绸在数量和质量方面都对中国丝绸业造成一定冲击。

创业道阻且长，织锦又不好卖，要不试着搭配出售？

有资料记载，西湖绸伞创制于民国二十一年（1932），由杭州著名的都锦生丝织厂老板都锦生先生首创。这不禁让人好奇，一位主业是制造织锦的商人怎么脑洞大开，将日常服饰常用的织锦应用到伞具上面去，"不务正业"地发明了西湖绸伞？个中的故事值得好好说道说道！这其中就有一段织锦与杭伞结合的姻缘。

都锦生，号鲁滨，1898 年出生在西湖茅家埠。年少时的他对西湖自然风光十分着迷，并痴迷于画西湖风景，这也为他日后创造风景织锦奠定了纹样基础。

都锦生雕塑

19岁时，都锦生考入了浙江省立甲种工业学校，就读机织专业。在校期间，都锦生在抵制日货、提倡振兴民族工业思想的感召下，立下志向要发奋读书，以实现自己"实业救国"的愿望。1919年，都锦生以优异的成绩从学校毕业，后留校任教。在教学实践中，他亲手织出了我国第一幅丝织风景画《九溪十八涧》。这幅作品的成功创作，极大地激发了都锦生的创作热情，也成为他日后践行"实业救国"夙愿的起点。

1922年5月15日，他辞去教职在茅家埠开办了都锦生丝织厂，主打织锦技术与风景画结合的"丝织风景画"，这是都锦生在教学实践中开辟的艺术丝绸新领域。起初工厂规模很小，只有一台手拉织机、一名工人，都锦生自己则负责售卖。由于当时茅家埠是外乡人乘船到灵隐上香的进出口，客流量较大，再加上都锦生所织造的丝织风景画新颖独特，价格也不高，因此销量不错。都锦生就此跨出了他实业救国的第一步。后来，尽管遭遇资金不足、人手不够等难题，但都锦生丝织厂的发展势头却未被阻挡。1926年，美国费城举行世界博览会，都锦生送去的丝织精品《宫妃夜游图》斩获金奖，由此都锦生品牌身价倍涨，开始了长达十年的高速发展。

在国内市场站稳脚跟之后，他便将视野瞄向了国外。在二十世纪二三十年代，都锦生几次东渡日本交流学习，日本高度发达的工业体系让他大开眼界，同时他还来到日本街头寻找创作灵感。在看到当地女子们撑着一把把别致的绢伞的景象后，他萌生了要做一款把西湖秀丽的风光作为伞面的绸伞。而且，绸伞可以做遮阳之用，也可挡雨，成为艳阳高照而又雷雨多发的夏季的必需品。开发这种产品正好可以解决淡季机器空闲的问题，同时还能丰富公司的产品，扩大销售渠道，让织锦以更为实用的形式进入千家万户。

在日本考察快结束时，都锦生顺路带了几把日本绢伞回杭州研究。经过细致的研究，他发现这批日本绢伞还有着明显的缺点：装饰不鲜艳，粗糙发白，没有花样……而国内最初制造出来的阳伞则因不易收纳、使用性欠佳、价格昂贵等缺点，没能打开销路。针对日本绢伞和国内阳伞的不足，都锦生总结道："不妨将毛竹作为伞骨，降低绸伞成本，再将饰有西湖风景图案的杭州丝绸作为伞面，这样肯定能创造出比日本绢伞更好的绸伞。"如此一来，就将雨伞的实用功能和都锦生织锦的

都锦生工厂

艺术价值有机融合在了一起。

回到杭州后，都锦生立即着手进行绸伞项目攻关，他派员工外出学习制伞技术，甚至不惜成本，派人在民间到处寻访制伞高手。在他的不懈努力下，经过几番挑选试验，耗费将近一年的时光，都锦生丝织厂终于制作出了第一把绸伞。这把具有开创性的绸伞轻便易携、结实耐用。这种古色古香的绸伞上市后，立马吸引了当时消费者的目光。由于这一色彩亮丽的新式绸伞诞生在杭州，又多以西湖景色为伞面装饰，所以人们亲切地称呼它为"西湖绸伞"。但此时的西湖绸伞和后来者相比，还存在诸多不足……

正所谓好事多磨，在刚研制出新伞后不久，就出现了因伞顶开口过大导致伞面出现褶皱的现象，这是因为丝绸相较于传统伞面材料更轻柔，一开一合之间容易产生褶皱且不易恢复平整。好不容易解决了伞面褶皱的问题，伞头包裹的新挑战又接踵而至……就这样，在历经两度春秋后，脱胎换骨的西湖绸伞再次登上市场，经过改良后的西湖绸伞一上市便更受人们欢迎。与当时市面上一般的雨伞相比，这一新式雨伞的伞面采用的是杭州特有的丝绸，而且加以西湖风景图案点缀，不仅具备遮阳避雨的功能，而且赏心悦目，成为当时杭州街头一道亮丽的新风景。时人都以拥有一把都锦生的西湖绸伞为荣，杭城百姓对西湖绸伞的追捧也奠定了都锦生在织造业的地位。

为何初出茅庐的西湖绸伞能受到如此追捧？那还得归功于都锦生的匠心独运。西湖绸伞，以竹为骨。竹，是《诗经》里的"绿竹猗猗"，是《兰亭序》里的"茂林修竹"，是苏东坡的"不可居无竹"，是中国文化里的"四君子"之一，也是东方美学的物化介质。明代小说家冯梦龙，曾描述过闻名中外的许仙与白娘子传说中的主人公许仙手中的那把伞："这伞是清湖八字桥老实舒家做的。八十四骨，紫竹柄的好伞，不曾有一些儿破……"由此我们可以得知，四百年前的伞有 84 根伞骨。到 20 世纪30 年代，西湖绸伞的伞骨减至 32 根。这一新式雨伞的直径不过 80 厘米，身体里的主干是一根细润的青竹，青竹其余部分被工匠们巧剖为纤纤 32 根，成为雨伞其他部分的躯干，薄如蝉翼的丝绸柔顺地缠绕于雨伞的篾青与篾黄之间。如此造型的雨伞既轻巧又耐用，而且便于随身携带，可谓是为西湖绸伞注入了坚韧的灵魂。西湖绸伞，化竹为器，具象为伞。从文化语意上讲，竹不仅仅是一种制伞的加工材料，更是一种文化元素，是东方文化、中国文化、江南文化的载体，它为西湖绸伞奠定了鲜明的中国文化基因。

"长乐无极"篆刻装饰绸伞

无心插柳柳成荫，有心栽花花也开

　　江南自古多雨，雨伞是人们的必备之品，一些雨伞虽有装饰，但还是以实用价值为主。自从 20 世纪初都锦生独创西湖绸伞后，人们惊异地发现原来这件实用品也具备充分的审美价值。既然都得花钱购买雨具，人们自然更愿意花一份钱，得到两份享受，于是西湖绸伞成为人们竞相购买的佳品。烟雨笼罩下的杭州城，也因为街头的一柄柄各式西湖绸伞而绚丽多彩。

　　对市场感知敏锐的都锦生立刻意识到西湖绸伞所具备的发展潜力。为进一步打开市场、扩大影响力，在初代西湖绸伞问世不久后，他便出资 800 元，特邀上海滩著名电影明星胡蝶等人来杭，在"西湖绸伞庆典"的开幕式上为自制绸伞作宣传。这在当时可是一件大新闻，相当于今天的一线明星出面宣传，自然激起巨大的社会反响。慕名而来的观众或是为一睹明星芳颜，或是凑个热闹，但总归是不自觉地成为助推西湖绸伞影响力的一分子。一时间，西湖绸伞风靡全城，家喻户晓，可见都锦生所具备的市场敏锐度："酒香也怕巷子深"的概念早在20世纪初就被都锦生意识到了。

随着都锦生发明的绸伞广受市场好评，越来越多的人意识到这一新式雨伞所具备的商业价值，西湖绸伞被不同的工坊借鉴仿制，这也让杭伞的影响力进一步扩大。

在制作西湖绸伞的过程中，制伞人一方面吸收前人的经验，提高技艺，另一方面借鉴当下的新技术、新潮流，将绸伞越做越精，质量越来越好，使之成为一种独特的工艺品。后来随着改革开放的逐步扩大、中国经济持续发展、杭州的国际知名度日益提升，作为杭伞代表的西湖绸伞也为更多的人所知晓，在世界舞台上呈现出一幅江南山水画。

尽管西湖绸伞自诞生以来便受到人们的喜爱，发展之路也少有波折，但作为"西湖绸伞之父"的都锦生的命运就没有那么幸运了。

九一八事变后，在抗日爱国热潮的推动下，都锦生积极抵制日货，停止购买日产人造丝，改用更为昂贵的意大利与法国人造丝，进行生产加工。1937年8月，在抗战全面爆发后，日机轰炸杭州，都锦生丝织厂被迫停工，不得已将12台手拉机转移到上海法租界，维持小规模生产。同年12月，杭州沦陷，日本侵略军委任他为伪杭州市政府的科长，都锦生坚决拒绝。1938年，为了表明自己不为日军效命的决心，他放弃了在杭州的万贯家财和全部工厂设备，带领全家避居上海。

　　1939 年，由于都锦生一直抵制"合作"，日本侵略者竟然一把火烧光了在杭州艮山门外的都锦生丝织厂主要厂房及所有新式机械，还抢走汽车等。大火熊熊燃烧了一天一夜，烧的不光是厂房和机器，更是都锦生半生的心血。都锦生想着惨遭蹂躏的厂房，痛心疾首，但是作为一名铁骨铮铮的中国人，在民族大义面前，他并不后悔自己的选择。很多人劝都锦生，囤一点生丝，可以牟取暴利，另外钱庄也给他送去空白的折子，都被他拒绝，他说他不发国难财。

　　1941 年底，都锦生丝织厂在上海的生产已经无法维持，重庆、广州等地的门市部也先后被日机炸毁，都锦生悲愤交加，一病不起，1943 年 5 月在上海病逝。一代织锦大师都锦生，就这样在日军侵华战争中含恨而去，在他最后的日子里，他念念不忘的还是抗战的胜利。家人们按照他的遗愿，将他的灵柩运回杭州安葬。

　　正是在这样内忧外患的艰难环境中，如都锦生一样的匠人们没有放弃如杭伞、杭剪、杭扇这样的民族工艺美术品，这也为杭州在和平年代的腾飞奠定了基础。从西湖绸伞的发展来看，其最初的出现可谓是无心插柳的结果：一个专门从事织锦生产的工厂竟然独创了一个新的伞类，这其中蕴含着多少巧合，有着多么深厚的缘分。后来的西湖绸伞又成为"有心栽花花也开"的代表，丝绸和雨伞的结合也为杭州平添了一抹亮色。除了都锦生的生养之恩外，还有哪些前辈对这一雨伞的成长有着不可磨灭的贡献？为何历经百年岁月洗礼，杭伞的魅力依旧不减当年？它身上的故事还多着呢！

戴望舒：
等不到的丁香，说不完的杭伞

　　相信许多人对江南雨伞的第一印象都源于语文课堂上回荡着的《雨巷》："撑着油纸伞，独自 / 彷徨在悠长、悠长 / 又寂寥的雨巷，我希望逢着 / 一个丁香一样的 / 结着愁怨的姑娘……""青鸟不传云外信，丁香空结雨中愁。"

雨巷诗意图

黛瓦里巷，地道的杭州人、民国才子戴望舒将那份惆怅寄托在江南烟雨中，不知道在他的生命中最终有没有等到那位"丁香一样的姑娘"？后世也有很多附会的文章在猜测"丁香姑娘"的原型是哪位，但人们更愿意相信，"丁香姑娘"并不是指具体的人，只是年轻诗人追求美好理想的一种象征。江南的伞，因他的传世之作，融入中国人的审美视野之中。如今手握绸伞穿梭于古街小弄之间的人们，是否也在寻找着他们的"丁香姑娘"？

相比于作为理想存在的"丁香姑娘"，杭伞的故事无疑更接地气，它不仅作为实物存在，同时也可作为文艺爱好，既是寻常百姓在杭州雨天中的可靠伙伴，也是人们畅游杭城时的掌中景物，正所谓"人在杭州游，手握杭城景"。那么，在西湖绸伞被都锦生先生创造出来后，还发生了哪些有趣的故事？下面就让我们回到西湖绸伞的青葱岁月，寻找那些遗失的美好。

吃着百家饭成长的西湖绸伞

从非物质文化的定义来看，非物质文化遗产的传承离不开人，无论是口头传说、表演、仪式还是手工技艺等，都需要通过人来传承，并且在传承过程中不断创新。因此，非遗离不开人的传承和保护。传承主体，也就是传承人在非物质文化遗产的保护过程中扮演着非常重要的角色。目前，西湖绸伞的国家级非物质文化遗产代表性传承人只有宋志明一位。四十多年来，他在西湖绸伞的传承与创新上不断努力，在西湖绸伞非物质文化遗产申报，西湖绸伞实物、资料保存，西湖绸伞制作工艺传承等方面作出了积极的贡献，而这一切都源于他师傅的谆谆教诲。正如西湖绸伞的发展离不开传承人的助力，当年刚刚诞生的西湖绸伞也需要新生力量的加入，其中最著名的一位正是宋志明的师傅竹振斐。

竹振斐是和都锦生同时代的青年才俊，他也是一个杭州人，同样对绸伞充满深切的爱。尽管身处20世纪初那个艰难动荡的岁月，竹振斐仍旧将自己的满腔热爱献给了诞生不久的西湖绸伞。竹振斐原本是都锦生丝织厂的普通职工，勤奋好学，练得一门好手艺。20世纪初，当厂长都锦生从日本返国后，决心开发新式雨伞，于是成立了专门的技术攻坚团队，竹振斐成为开发西湖绸伞工作小组的成员之一。后来，为专心从事西湖绸伞的开发工作，他离开了都锦生丝织厂，用积攒下来的一百余元资金在茅家埠设立起了第一家专门制造绸伞的作坊——"竹氏伞作"。

很快，竹氏伞作就一步步发展成为有15名工人的西湖绸伞生产基地，月产量达到250余把。但当时国内市场萎缩，人们消费能力疲软，再加上私人作坊资金欠缺，难以承受市场风浪，竹氏伞作很快面临倒闭风险。就在这时，另一家名为启文丝织厂的织厂发现了自立门户的竹振斐。此时启文丝织厂也意识到西湖绸伞的巨大发展潜力，感受到都锦生丝织厂带来的竞争压力，于是将宝压在竹振斐的竹氏伞作身上，将他聘到厂里，使得自身获得了西湖绸伞的生产技术。

此后，西湖绸伞作坊如雨后春笋一般出现，绸伞产量大增，尤其是春秋两季旅游旺季之时，这种特色产品更是供不应求。有些游客甚至在杭州久久不归，只为买到一把梦寐以求的西湖绸伞。"都锦生"和"启文"两厂的投资都得到了丰厚的回报，绸伞成为这两家厂的另一种拳头产品，诸多民间的个体作坊也尝到了甜头。

除了竹振斐、宋志明师徒俩，还有许多未曾留下姓名的能工巧匠成就了西湖绸伞的优秀，正是有着一代又一代的传承，吃着百家饭的西湖绸伞才能茁壮成长。正所谓"打铁还需自身硬"，自诞生以来，西湖绸伞就备受世人的关注，那么吸引人们的到底是西湖绸伞身上的哪些优良品质？这些优秀工匠们又将怎样的匠心、精致、实用性注入西湖绸伞的血脉之中？

西湖绸伞的幸运在于自它诞生之日起，便有无数能工巧匠的用心呵护。前有都锦生、竹振斐的守护，现有宋志明师傅陪伴。和西湖绸伞结缘近半个世纪的宋师傅对这一杭州瑰宝也有独到的见解："西湖绸伞，以竹作骨，以绸张面，以西湖风景为伞面装饰，轻巧悦目，式样美观，素有'西湖之花'的美称。西湖绸伞是杭州特有的传统手工艺品，是极具地方特色的日常美学代表。"宋志明对于西湖绸伞几十年如一日的钻研，也使得伞制作技艺（西湖绸伞）经国务院批准列入第二批国家级非物质文化遗产代表性项目，从而被更多的人所熟知。为更好地

薄如蝉翼的西湖绸伞

普及西湖绸伞的知识、展示其制作技艺，宋师傅成立了自己的工作室。宋志明工作室是以传承、创新、传播西湖绸伞制作技艺与文化为主的空间，多年来通过公益课、进课堂等形式为世人展示西湖绸伞的独特风采，培养西湖绸伞制作技艺的传人。出产自这一方天地的代表作被不同机构收藏，如《西湖十景》（直径72厘米）、《花港观鱼》（直径72厘米）、《断桥残雪》（直径50厘米）三把西湖绸伞均被中国国家图书馆收藏。

那么，时至今日，西湖绸伞的魅力为何依旧没有消退呢？

西湖绸伞的精髓在于其制作工艺，在机械化加工的时代，手工打造愈发显得弥足珍贵。西湖绸伞最吸引人眼球之处莫过于伞面的五彩装饰与西湖代表景致，而绚丽的背后则是工匠们一层层手工上色的坚守。为了达到最好的呈现效果，突出朦胧渐进的美学特点，在为每一把西湖绸伞上色时都需要准备多种色彩的颜料，工匠们借助磨具一次次上色，每次上色使得伞面的色层愈发丰富。刷花用到的工具较多，国画颜料、刷子、纱板、套色模板等都是必备的，整个过程不能停歇，需要一气呵成。绸伞伞面的图案以西湖风景为主，需要五重套色：将模板放在伞面，用刷子蘸好颜料在纱板上来回刷，使颜料细密均匀地落入模板的镂空中，一层干透后换第二层模板继续，直至最终完成整个图案。

包含套色步骤在内，制作西湖绸伞有18道工序，每一道工序需要4—5个步骤。严格算起来，差不多有80多个步骤。采竹、劈竹、伞骨加工、车木在产竹基地制作，其后续上架、串线、剪边、折伞、贴青、包头装柄、穿花线等工序全部采用手工完成，环环相扣，需要精工细作，决不能心急，其中任何一步出错，都不能制成一把服帖美观的绸伞。这种手工精制的过程是独具温度的，能够让触摸西湖绸伞的人感受到倾注于其中的匠心与热血。虽然已过去近一个世纪，但西湖绸伞的制作技艺却如同凝固了时光，在宋老师的制作过程中，还能够感受到20世纪初西湖绸伞诞生时的惊艳。

在坚守传统工艺的基础上，宋志明和弟子们也尝试在制作技艺、绸伞功能、传承等方面的创新。工作室内极具代表性的几把绸伞正是工匠们创新的成果，也是西湖绸伞之后发展的几个方向。一类是实用性西湖绸伞，相较于以装饰为主的西湖绸伞，实用性绸伞不仅具备绸伞美丽的外观——通身由靛蓝色渲染而成，而且体积更大一些，能够轻松地为撑伞人挡住风雨。这是得益于伞骨和伞面材料的选择，这把伞的伞面选用蓝印花布，这些布料相对其他材料来讲要厚实一些，提升了遮阳挡雨功能，且蓝印花布本身质朴的味道又与绸伞贴合，非常受市场欢迎。另一类是联名款绸伞，或者将年轻人喜欢的元素化为绸伞的细微装饰，或者与当下时髦的品牌互动，推出带有跨界风格的西湖绸伞。

尽管成立了自己的工作室，但宋师傅依旧深感传播力度的欠缺，因而采用了"西湖绸伞进课堂"的方式，普及绸伞的知识、丰富学生的课余生活。伴随着"非遗进校园"项目的开展，青蓝青华学校成为国家级非物质文化遗产西湖绸伞进校园的唯一基地学校，引进了西湖绸伞国家级代表性传承人宋志明大师的工作室，为学生们生动展示西湖绸伞的风采。在课堂上，宋志明大师和受过专业培训的老师为各年级的同学们讲授西湖绸伞制作技艺。为了更好地深入教学，老师们特制了西湖绸伞体验包供每一个学生实践，以创新的思维去审视发扬传统，以学科融合为设计角度，培养学生创新能力等核心素养。老师们的悉心教导激发了孩子们对西湖绸伞、杭州地域文化、中华优秀传统文化的极大热情，也为西湖绸伞未来的人才储备埋下了种子。学校还专门开设了西湖绸伞博物馆，进一步凸显传统手工艺进校园的积极价值。

"我的老师竹振斐先生和都锦生先生是同一时代的人，他将都锦生先生的绸伞发扬光大。自我接触绸伞以来，已有四十多年。"提到自己与西湖绸伞的联系，宋老师有一种介绍自己亲人的感情。这四十年多中，宋老师不断推陈出新，在保证"撑开一把伞，收拢一节竹"的特质前提下，创新开发符合新时代审美的西湖绸伞作品。但是，如今绸伞的发展也面临一些问题，例如实用版的西湖绸伞定价较高，加之开模投入巨大，因而目前多采用来单定做的方式。此外，诸如刷花等技术很难通过少量课堂教学而被年轻人所掌握。

美丽的杭伞

作为杭伞的代表，西湖绸伞是具有江南地域特色的传统手工艺品，是古往今来杭州城的金名片，经历岁月春秋依然玲珑有形。亭亭华盖扬美名，它们是永远绽放的美丽的西湖之花！

等不来西湖边那个人，起码可以用心做好那把伞

精益求精是杭州手工艺人的不懈追求，这一祖传的信仰也融入了西湖绸伞这一后辈的骨髓之中。即使面对20世纪初市场萎靡、国外产品倾销等压力，西湖绸伞依旧坚守着质量严关。在进入手工制作环节前，先要选竹，俗称"号竹"。对于手工艺品而言，选材是第一步，同时也在一定程度上决定着产品的上限，因而西湖绸伞之美首先体现在材质层面。从材质美上讲，西湖绸伞用于制作伞骨的竹，均采用杭州附近安吉、德清一带特有的淡竹，而不是一般毛竹。

杭州市郊自然生长的这种竹子，质地细洁、色泽温润，烈日曝晒不弯曲，是劈制伞骨的上等材料。在手工制伞环节，首先是裁绸拼角，选好居中圆心，把绸拼成伞面圆形，确保绸面不起褶皱、不变形。

除了伞骨的选材十分严苛，伞头和伞柄也需采用上好的木纹细密的樟木，伞面的面料选择更是讲究。杭州丝绸质地轻软，色彩绮丽，品类丰富，有绸、缎、绫、罗、锦、纺、绒、绉、绢等十几类品种，达两千多个花色。

杭州的丝绸品牌不少，诸如都锦生、万事利、凯喜雅、喜得宝等等都是响彻世界的丝绸名品。正是因为源远流长的丝绸传统，绸伞的伞面选择也丰富多样，现在西湖绸伞所用的伞面多是薄如蝉翼的乔其纱。这类丝绸织造精细、质地轻软、透风耐晒、易于折叠，是经过千百次

实践得出的最适宜作为西湖绸伞的伞面丝绸。常用的西湖绸伞伞面色有正红、墨绿、宝蓝、桃红、群青等20余种，也有蓝印花布和万缕丝等花色，将杭州的地域风光跃然"伞"上。

都说"巧妇难为无米之炊"，但如何利用"米"更是一门学问。

有了优质的原料，接下来就是对原料的加工，这也是最考验技术的环节。西湖绸伞的工艺具体可分为18道代代相传的流程，除了上文提到的选竹外，剩余的步骤也有特别的要求，环环相扣，共同决定着西湖绸伞成品的质量。

选竹之后还有17道工序，撇青、换腰边线、绷面上浆、上架、剪糊边、伞面刷花、串花线、扎伞、贴簧青、装杆、包头、打钉扣、胶头柄……之后还有几道工序检查牢度和包装出品的质量，以确保产品的高质量。每个步骤都至关重要，一旦一步出错，就可能连西湖绸伞最基本的实用价值也不能保证，更遑论进一步的美观性了。

在经过了18道工序后，工匠要赋予西湖绸伞艺术价值，对丝绸伞面进行装饰。伞面装饰俗称"三花"，即画花、刷花、绣花。在伞面上绘画，与在其他质地材料上绘画有本质的区别：笔势，水分，提、按、顿、挫的快慢速度都需掌握得恰到好处，才能充分表达好伞面所需的艺术效果。西湖绸伞的"刷花"工艺是在二十世纪六七十年代发展盛行起来的。"绣花"的西湖绸伞，工艺技术复杂，价格昂贵，其中又以传统的盘金绣为最，需用比丝线粗两三倍的金银线，分别用齐针、别针、套针的绣法，在西湖绸伞上绣制出《二龙戏珠》《飞龙》《百寿图》《宝相花》等，可谓富贵经典。

刷绣绸伞

除了西湖绸伞外，油纸伞也是杭伞的一个代表，它的历史还要早于西湖绸伞。油纸伞被使用的历史已有1000多年，江南有首民谣："景德镇的瓷器、甲路的伞、杭州的丝绸不用拣。"里面的"伞"夸的就是江西婺源甲路村生产的油纸伞。甲路人世代制伞，以制作灵巧、工艺精湛而著称。作为古代重要雨具的油纸伞，在杭州也有200余年的制作历史。1769年，杭州最早的油纸伞店由董文远九房开设，店里油纸伞的种类繁多，有渔船伞、文明伞、大红伞等多个品种，是杭州人的生活必需用品之一。杭州油纸伞的一个重要产地就是余杭西坞村。此地做出来的伞经久耐用，深受杭州人的喜爱，因此声名鹊起，不少外地香客途经此地，也会买一把作为伴手礼带回家乡送给亲朋好友。

油纸伞对制伞手工技能要求很高，需经70多道工序，全凭制伞人的技艺、经验来完成，以师徒相承，靠言传身教及个人悟性来掌握，学徒需 3 年方可出师。一把小小的油纸伞古朴、轻巧，看似简单，但要制作一把上好的油纸伞，是件不容易的事。手工制作不用说了，首先要选好材料——竹子、皮纸、桐油……最关键的是竹子，因为伞的骨架是用竹子削成的。竹子来源于大自然，具有质地坚硬且富有弹性，不易折断，淡雅、环保的特点。这正是油纸伞采用竹制伞架的特色优点。竹制伞架唯一的缺点是易遭虫蛀、易霉变。所以，手工削好的伞架必须进行严格的高温蒸煮、太阳曝晒及烘烤。伞骨的制作是油纸伞的第一步，首先要把竹子的外皮削去，因为外皮粘不上皮纸。而伞骨还有长骨、短骨之分，长骨负责撑起伞面，短骨便是负责撑起长骨。制作伞骨，最关键的是保证每段伞骨都是相同大小与规格的。伞骨不仅需要加工、钻孔，两边还需要控制厚度，伞顶做出的缝也需要控制好，不然两者就卡不到一块。整个伞没有任何金属材料，全都是木质。伞骨用线全部组装好之后，就轮到糊纸了。接下来是装键、绘伞花、修卷上油、穿花线、结顶，近 30 道工序。经过一道道关，便到了决定油纸伞美观程度的伞面绘制。油纸伞伞面绘制一般采用中国传统的书画技术，画师会在伞面上绘制各种精美的花鸟鱼虫、仕女像、风景等图案。相比于原先的各种伞，油纸伞更带有一种江南闺秀的韵味，古朴、美观，却又不失实用性。

20 世纪中叶，浙江省选择余杭为杭州油纸伞手工业合作化试点。由于纸伞工艺复杂、利润较低，随着钢制骨架晴雨伞在市场上的出现，代表着传统制伞工艺的油纸伞慢慢退出了历史舞台，手工制伞师傅们也纷纷改行换业，油纸伞的产量逐年下降，最终成为一种稀少的工艺品。近年来，越来越多的有识之士意识到类似油纸伞这样的中国本土工艺品所承载的历史和文化价值，采用现代工艺、设计理念、销售途径激活传统工艺品的生命力。

随着生活水平的提高和对精神文化的追求，人们对于杭伞的个性化艺术的要求也日趋提高，而手绘的、精制的、个性化的伞图案绘制越来越丰富。世人对杭伞的喜爱不仅体现在它的产量始终供不应求，也延伸到艺术层面。因此，现在涌现出一批又一批"后浪"们关注着杭伞的发展。

杭伞的跨界传承之旅

西湖绸伞以其伞面的绚丽而别具一格，引人入胜，有人形容它拥有五颜六色的衣裳，装扮穿戴好，就如一朵朵绚烂的花，装点了近百年来杭州的四季风景，街头巷尾的西湖绸伞也成了不少杭州人的专属回忆。在古人通过诗文勾勒出的杭州的美妙画卷里，很多都是有关伞的描写。现实中，那些伞边滴落的水珠，湖面静静泛开的涟漪，檐角细细浸染的水墨，都成了游人眼中的一道道伞形风景。或许杭州的美可以有许多种面貌，但其中杭伞肯定占据着一席之地，对于这一份美，杭州人格外地珍惜。

从西湖绸伞的国家级非物质文化遗产传承人宋志明的经历来看，我们可以得知新时期这一独具杭州地域特色的手工艺品的发展方向：伞面作为西湖绸伞的艺术体现，自然地成为这一传统技艺创新的桥头堡。改革开放以来，作为西湖绸伞制作技艺传承人的宋志明也意识到了目前西湖绸伞过于老旧，传统的刷花图案、刺绣图案、绘画图案多停留在二十世纪七八十年代，在现今设计图案不断求新的社会，已远远跟不上时代的潮流，满足不了社会的审美需求。

新时代环境下的伞面设计的创新，从题材到表现手法有多个层面。从题材着手，可用于设计的要素有人文

京剧人物手绘伞

产物和自然物象等。人文产物方面，如传统民俗图案、卡通图案和现代西湖人文产物、古今西湖诗画以及时尚服饰图案等；自然物象可采用荷塘月色、四月桃红柳绿、雷峰夕照等西湖美景图案等。从表现手法来看，不仅可以用传统的绘画形式来表现图案的内容，更可以用新风格的抽象图案甚至写真照片来表达。因为如今伞面图案的制作工艺已经与早期仅有的手工染绘大不相同了，现在除了筛网印花、电脑喷印、手工绘染，还有拼布绣、布贴等多种装饰手法。

传统民俗文化伞面设计也是创新的一个方向。这类伞面多用富有大众集体情感记忆的、大众喜闻乐见的传统图案题材进行伞面图案设计。它带给人们的视觉感官情感是具有民俗风格的、充满喜悦之情的。这类伞大多应用在具有民俗文化风情的节日活动里，以营造热烈欢快的气氛，其图案纹样、色彩色调也凸显了当地的民俗文化风采。如同属国家级非物质文化遗产的四川泸州油纸伞，经过伞面设计的创新改变，加入中国剪纸、蜡染等元素，备受市场欢迎。卡通图案伞面设计则更具有市场针对性。

采用具有标识性的西湖风景图案作为伞面图案装饰，是杭伞伞面更新的独特手法。可以设想，如果将旅游者自己拍摄的照片或与西湖美景的合影用于伞面装饰，会起到意想不到的效果。这样设计出来的伞面更具个性，极大地提高了旅游者对旅游活动体验的参与程度，同时也使得旅游者从另一种角度了解杭州西湖的美景及文化。这种注重游客参与性的私人定制式伞面，将会是西湖绸伞未来发展的又一途径。

料想当年戴望舒最终没有等来自己的"丁香姑娘"，只留下一抹寂寞凄清与惆怅，但他把杭伞定格在了中国现代文学的美丽星空里。在都锦生与戴望舒的后辈那里，杭伞在精致的基础上，又融入现代的美感与实用性，成为人们日常生活美学的绝佳体验。接下去，说说如今杭州小伙子与杭伞的故事。

"天青色等烟雨，而我在等你。"2007 年，余杭油纸伞被列入浙江省非物质文化遗产名录，刘有泉就是挽救濒临失传的余杭油纸伞技艺的发起人和组织者。90 后的孙子刘伟学继承了这门手艺，让昔日的老作坊重焕生机，他成为余杭油纸伞的第三代传承人。这是一段关于文化传承、血脉延续的佳话，祖孙之间，心手相连，技艺流传。

其实，让余杭油纸伞重新焕发光彩的是在 2011 年的意大利米兰设计展上。余杭的文创企业"品物流形"的创始人张雷以余杭油纸伞为灵感，创作了"余杭纸伞的未来"的作品，12件作品包含3件纸伞设计，9件纸伞衍生品设计，获得了"红点至尊奖"。参展的纸伞作品正是刘有泉老人和他的老伙计们一起做的。如今，看到传统的制伞技艺得到传承，老人感到由衷的欣慰。

毕业于杭州师范大学设计专业的刘伟学还创办了"纸伞之家"——一个伞文化的创意空间，希望将年轻人的创新和构思注入古老的传统工艺，致力于把油纸伞的情怀传递给更多的人，在传承的同时全力投入余杭纸伞衍生品的设计与开发。

在"纸伞之家"的院子里，矗立着一把直径达3米的大型户外纸伞。就是这把伞在欧洲三大著名博览会之一的巴黎Maison Objet家居装饰博览会上引起了强烈反响——刚一亮相，10把伞当即就被巴黎的一家设计

机绣《四季花》《金鱼》绸伞

店铺全部预订。这是杭伞的东方魅力，也是中国的文化魅力。

自小在杭州长大的李游对江南有着别样的情怀，他既是浙大城市学院设计专业教师，同时也是杭伞"竹语"品牌创始人。"我断断续续地研究，一做就是3年。"图纸一画就是一摞，各种小样堆成了山。功夫不负有心人，2013年，李游终于做出了不失东方文化韵味和江南特色，又具备现代生活日用功能的长柄竹伞。李游将此长柄竹伞命名为"竹语伞"，竹的语汇，伞的新生。杭州撑开的伞在世界设计舞台上摇曳生姿。竹语伞于2013年荣获德国iF设计奖和红点设计奖。

坚韧的竹子，在李游和年轻大学生们的不断探究之下，以一种妥帖而柔韧的姿态，撑起了一把伞的灵魂，而工业化和传统工艺便也在这样的氛围中自然结合，润物细无声。人们很难去界定，竹语伞的成功，到底是传统工艺匠心的灵魂回归，还是现代工业化的技术成功，抑或是一次实用主义的绝妙具象化，也许三者兼而有之。李游说："希望竹语能成为国货品牌中的一个骄傲。同时也希望中国文化、中国原创的设计产品，能够获得更多国际的认可和市场的业绩。而我，也将继续谋求和传统老字号的创新合作，我相信传统文化可以完美落地。"

这正是李游一直以来的思考和追求：为什么融入江南文化、东方特色竹文化的西湖绸伞这一传统工艺难以传承并且适用于现代人的生活中呢？在他的心里，一款优质的设计必然要融入寻常百姓家。因而他开始与老艺人和伞厂的师傅们探讨现代工艺运用在西湖绸伞上的可能性，将现代的金属部件、长柄伞结构、高强度防雨面料在西湖绸伞中进行嫁接与融合。

要想让西湖绸伞重新走进大众生活，并非只要有工艺传承就够了，西湖绸伞的工艺和装饰性虽好，但防雨防晒的实用性却比不上现代工艺伞，这个问题一定要解决。李游首先从选材开始下手。竹语精选杭州近郊安吉所产淡竹为伞骨的主要材料，所有竹原材料均采用"六年一刀"的成年优质淡竹，竹纤维及质地均达最佳状态。竹材的内部细胞结构紧密，不易被虫蛀，经久耐用。砍伐季节也很有讲究，需每隔六年冬季砍伐，以保证竹材纤维的硬度和韧性。一把全竹伞，严格只选同一根竹子同一个部位，保证受力均匀。

竹的环保与速生，允许设计师把价值侧重于设计和工艺，竹的物理延展性及手工制造让产品更坚韧、更密实。用竹制造的雨具，天然环保丝毫不逊色于木材。用工艺技术将原竹转为可加工的原料，让竹的形态有无限可能。

为了传承工艺，李游费尽心思找来几位懂行的老师傅，六七十岁的退休老人们对于西湖绸伞的传承也是十分上心，纷纷答应出山。传承古法，是竹语伞的魂。精湛工艺从细节做起，不仅细腻美观，还提高了韧度。设计师坚持对品质的至上追求，无论是大到一道工艺，还是小到一个线头，所有车线工艺绝对有质量保证，如同完成一件艺术品的创作。

普通雨伞的伞柄需要电镀，而竹伞柄连上漆都不需要，非常环保。尽管伞骨芯全是竹子，取代了常见的金属或塑料，但这还不够，如果伞面也来自竹子，并能满足现代生活的需求，才能成为竹语的亮点。李游想到了近年市面上流行的竹炭纤维材料，几经试验，他们对竹炭纤维进行涂层处理，发现它不仅防雨，抗紫外线的功能甚至优于普通的尼龙伞面料。因此，这一黑一白两把伞，就这样一举攻下国际大奖。据科学研究，经过防雨胶涂层处理，竹炭纤维对紫外线的阻隔率是普通织物材料的400倍，防雨防晒的实用功能性极强。

解决了技术难题，产品也开始走进市场。竹语开始致力于设计，在黑白经典款的基础上，陆续推出五行伞、马年款、老地图等伞面图案。色彩、字体与新材料在伞面上完美糅合，实用性与美观性终于并存。一经推出，竹语伞立刻受到了众多年轻人的追捧。

2017年年初，竹语伞推出了新作——木心，顾名思义，这把伞本身就有一颗温暖的木心。采用各种名贵木材加以细致的打磨、润滑，用极致的工艺来保证伞的质量，竹语伞希望能够打造出一把能够陪伴主人一生的伞，来向心中的那位享受缓慢人生的大师致敬。木心伞设计上的神来之笔，在于它的空心把手。黄铜盖和实木的结合，在外观上已经非常融洽了，切出的两个符合人体工程学的造型，再加上空心把手的实用功能，可以放硬币、伞套等小东西。使用雨伞时，你可以直接接触到大自然的纹理，而木头手柄也会随着使用，颜色逐渐加深，透出温润的光泽。以木见心，用木质的坚固来代表与你相伴一生的决心。

李游曾受邀带着竹语伞和木心伞到电视节目里分享自己关于伞品的设计理念和研发历程。关于伞，他这样说道："三千五百年前它的诞生，源于一位妻子对丈夫的关爱和牵挂。它延续至今，丝毫没有影响到它承载的浓浓爱意。今天我从千里之外的西子湖畔把它带到这里，就是希望你们能将这份绵绵的情愫握在手中，能够把江南的烟雨萦绕在你们的身旁。同时更重要的是，我们希望有一天，有一个人能够带着它走到你身旁，深情地对你说一句，和你在一起经历风雨，不见不散。"

中国伞博物馆

　　李游的竹语伞包含了许多当今流行的关键词：中华优秀传统文化，产学结合成果转化，中国制造，环保，创新创业……为了把传统手作匠人文化继续传承下去，李游把所有重心都放在设计和工艺上。如今，有一帮热爱传统工艺的小伙伴和他一道，想把竹制雨伞这件小事做得更有意义。

　　我们看到，年过七旬的老人和年轻人都在为杭伞的继承和创新而努力，使之不断优化升级。近年来，杭州市政府还通过建立中国伞博物馆、开展非遗活动等方式促进西湖绸伞的保护与传承工作，使西湖绸伞成为现代杭州献给世界的礼物。杭伞也在匠人、学者、百姓的关爱中绽放出愈发夺目的光彩。江南烟雨中，那撑着伞的袅娜身影，生动地诠释了江南水乡独特的伞文化，她沿着历史的印迹，翩翩地向我们走来……

真丝伞面

　　这就是杭伞，它是一把西湖绸伞，是一把余杭油纸伞，也是一种延续的文化、传承的工匠精神，更是一个流动的杭州故事、中国故事讲述者。因为，在杭伞的伞面上，曾经出现过很多故事，比如"许仙与白娘子""梁山伯与祝英台""红楼梦十二金钗"……

　　杭伞的故事还在继续，不信你到街头看看、到西湖边看看，那一抹抹靓丽的身影无处不在，伞面呈现的故事等你来聆听……

第三章

杭扇：悠悠古韵

诉衷情

扇子在我国的历史源远流长。而由扇子所延伸出来的扇文化，更是我国传统文化的一部分。中国，自古即被称为"制扇王国"。而杭州历来是我国的制扇名城，杭扇便是这座城市的名片之一。

杭扇的特点是选材考究、制作工艺细致、使用广泛，并且具有独特的地方风格。此外，杭扇凭借其丰富的文化内涵和极高的艺术价值，成为我国扇文化中的一朵奇葩。杭扇兼具实用价值和艺术价值，这两者有机结合，逐步形成了具有地方特色的杭州扇文化。历经几千年的沿革演变，杭扇积淀了深厚的文化底蕴，并且它与这座古老城市的其他文化，如西湖文化、竹文化、戏曲文化等都有着较为密切的关系。一把展开盈尺、重仅几两的扇子和人们的日常生活关系如此紧密，并且与书法、雕刻、绘画、文学、剪贴、镶嵌等融为一体，成为一种独特的艺术品，以它的奇特魅力和极高艺术价值称誉世界。

扇子是引凉驱暑的佳品，也是呈现中华文化的窗口。说到扇子的起源，也许没人能想到它竟与伞的关系非常密切，这点也往往被大多数藏家和学者所忽略。商代时，官员乘坐的车上，装有一种形同大伞的"扇汗"。这种"扇汗"不仅能遮阳、避雨雪，而且能借助车前行时产生的气流推动而旋转，像原始吊扇一样——对马匹及驾车、乘车者"吹出"一股风，使他们感受到凉爽。最迟从汉代起，出现了一种被称作"障扇"的长柄大"伞"，从一开始的遮阳和扇风驱蚊蝇的功能，到后来变成仪仗的一部分。扇子在早期除实用功能以外，其礼仪功能也非常明显，这让它一直被当成具有象征意义的道具，尤其是在文人名士手里。诸葛亮羽扇纶巾，谈笑风生，轻轻挥动羽毛扇，以一阵东风，挥来蜀国的一片江山；汉钟离祖胸露腹，不拘小节，轻摇芭蕉扇，怡然自得，大俗大雅，浑然一体；济公和尚背插破蒲扇，脚踏破鞋，看似糊涂，实则清醒。扇子已经成为他们形象的一个特征，一把扇子可映射出个人的际遇和历史的沧桑。

杭州是中国制扇名城，杭州"雅扇"自古以来闻名遐迩。其以精湛的工艺、迥异的功能、高雅的情趣，与丝绸、西湖龙井茶一起，被誉为"杭产三绝"而名扬天下。以王星记扇等为代表的制扇技艺于 2008 年被列入国家级非物质文化遗产代表性项目名录，是杭州市重点保护的 33 类传统工艺美术品种和技艺之一。杭州"雅扇"之名，也深深印在老一辈文人心底。

扇，不仅是普通百姓必不可少的日用品，也是古今文人挥洒才华的一方小天地。

宋室南迁，许多制扇工匠随之聚集于杭州，促进了扇业发展。当时，扇子既是帝王的日常用品，又是繁华都市粉饰太平的一种点缀。当时官府也重视这一行业的发展，甚至为了监管制扇这一行业，恢复了一度中断的少府监。其下辖五院，院下设立工场与作坊

（当时称为作），分工细致，那时的文思院有玉作、扇子作等三十余作，每作所需工人少则数十人，多则达到百余人，其中不乏能工巧匠。而民间的私营作坊更是遍地开花，形成鲜明的集聚效应，类似于"××一条街"。

据《梦粱录》记载，当时"杭城大街，买卖昼夜不绝"，其中扇子铺就有"徐茂之""青篦""周家（画团扇）""陈家（折叠扇）"等著名商号，类型有细画绢扇、细色纸扇、漏尘扇柄、异色影花扇……应有尽有。

南宋时，杭州清河坊之东有一条巷，叫"扇子巷"，是当年制扇作坊集中之处。由此可见当时杭州扇子行业的兴盛。明清时，杭州扇业的发展促进了雕刻、剪贴、髹漆、镶嵌等工艺的发展。此时期的团扇、折扇用材多样，且十分讲究，用象牙、翡翠、玳瑁、乌木等作扇骨、团扇柄或镶嵌物，工艺精致。而用名人书画家的书画扇面制成团扇、折扇、工艺扇，作为贡品进贡给宫廷，极大地丰富了杭州扇文化的内涵。此外，舞台上杂剧、扇戏、京剧、越剧、相声、说书、扇舞等都离不开扇子。以扇子为重要道具的娱乐节目，如扇戏，常会令人捧腹大笑，乐在心中，丰富了市民们的精神生活。

明清时期，杭扇已经开始大量出口，逐渐成为杭州一项主要的外贸产品和内销产品。今清河坊至中山中路一带在当时已成为购扇中心，促进了杭州经济的发展。明清以后，杭扇的发展更为兴旺，扇业工匠遍布杭城，民间有做草扇、蒲扇、竹编扇的，但更多的是制作经营纸扇。清代前期，世以制扇为业的芳风馆制作的杭扇最为著名，后被舒莲记扇庄取而代之，再后来，王星记异军突起。可以说，杭州的制扇行业一直兴盛不衰。

除了促进经济发展，杭扇还是维系中国和其他各国友谊的纽带。史料记载，清乾隆五十八年（1793），英国特使马戛尔尼奉国王乔治三世之命来到我国，在承德避暑山庄觐见乾隆。据记载，乾隆赠送给特使各种类型的珍贵的折扇和宫扇，请他转交给英王。直至今日，省市领导出国访问考察，也常会前往杭州王星记扇厂订购扇子，作为馈赠礼品。

因着杭扇在杭州的特殊历史地位，杭扇手艺人的地位也较高。为了缅怀扇业先辈，清光绪十四年（1888），下兴忠巷重建了扇业祖师殿。据碑文记载，勒名捐助的制扇工匠有139户，祖师殿神位上供奉的先辈老艺人有462名，足见当年杭州制扇行业的盛况。杭州的扇子，五彩缤纷，种类繁多，有竹编扇、芭蕉扇、绢扇、羽扇、纸折扇、檀香扇、麦草扇、黑纸扇等等。葵扇朴实，竹扇轻巧，绢扇古雅，檀香扇华贵……杭州堪称扇子的大千世界。

创始于1875年的王星记扇业，迄今已有140多年历史，是制扇业的老字号，更是杭扇的代表。王星记扇子是精美的艺术品，具有鲜明的地方特色和传统风味，是代表杭州、代表中国的一个文化符号。创始人王星斋在继承杭扇精华的基础上又将其发扬光大，并通过绘画、剪贴等装饰艺术，大大提高了扇子的品位。民国之初，王星斋之子王子清继承父业，他在传统黑纸扇的基础上，吸收日本、法国女式扇的优点，创造了一种檀香木绢面扇，造型别致，风格独特……如今，王星记的故事仍在继续。

　　王星记——一块小小的扇面融合了色彩、线条、文字等各种元素，孕育出魅力四射的扇文化。可以非常自豪地说，它不只位列于"五杭"之中，还被后辈们评为"杭城三绝"之一。作为杭州文化的一张金名片，它虽没有"杭剪"张小泉那般丰富的业务，但在制扇这条路上一直走到今天，走向未来。这么多年来，杭扇的工艺在不断进步，世人看它的眼光在变化，扇的作用也有所改变，但它仍然是那个拿在手里可以扇风纳凉、彰显个性，摆在案上亦可点缀居室、雅俗共赏的"雅扇"。

　　"杭扇"王星记，在一开一合之间，蕴含着道不尽的别样匠心与人间衷情，慢慢扇开这历史尘埃，便可看到杭扇的前世今生……

上有庙堂之高，
下有江湖之远，中间正是在下

可能有人会疑惑，这一把小小的扇子，有什么值得大书特书的，不就是扇风用的工具吗？而且还不如风扇和空调好使。如果只是这么想，那就真的是一叶障目，对王星记有"刻板印象"了。扇子确实是实用的取凉工具，但若只有扇风这一项本事，那它不过就是一个没有灵魂的工具，怎么会在历史长河中留下那么多的印记呢？可以毫不夸张地说，上至庙堂，下到江湖，无处不有扇子的身影。无论是在天子面前，还是文人手里、百姓家中，扇子都有各种形态和用处。而它最早的用途也并非扇风纳凉，其中可大有讲究……

在天子身旁的扇子可不是用来扇风的

如今大热天，人们都窝在空调房间里吃着冰棍，好不惬意，可在远古时代可要难熬得多，炎炎夏日，没有空调、电扇的日子可怎么过呢？人类的祖先在那个时候随手采集树叶、禽羽，简单加工用以遮日，这或许便是扇子家族的雏形了，但扇子真正被世人广泛使用，其实还有着一个漫长的"自上而下"的过程。

历史上对于扇的记录，最早可以追溯到晋代崔豹在

《古今注》中提到的“五明扇，舜作也”和“雉尾扇，起于殷世”。“五明扇”是记载中最古老的一种扇子，相传由上古时代的舜帝所制作。他制作五明扇不是为了取凉，而是因为当时尧刚把帝位禅让给了舜，手下人才紧缺，求贤若渴的他制作五明扇来表示自己“广开视听，求贤人以自辅”之意，得到舜制作的五明扇，也就是得到了帝王的赏识。而雉尾扇起于殷商时期，由野鸡毛制成，一般为长柄大扇面的形状，由宫女举持于天子身侧，外出巡视时用于遮挡风沙，因此也被称为“障扇”。

到了周朝，人们愈发讲求“礼”，于是仪仗扇有了等级之分，不同数量的扇子代表不同的身份，“天子八扇，诸侯六扇，大夫四扇，士二扇”，出行者何等身份，数一数扇子的数量即可明了。因而，此时的扇子并不是用来扇风的，而是作为宫廷礼仪和身份的象征，辅有遮挡风沙之用。但这不表示没人能发现扇子取凉的功能，在扇子任职仪仗用具时，还有这么一段小插曲。

据东晋王嘉《拾遗记》载，在西周时期，涂脩国向周昭王进贡了青凤、丹鹊①两种珍禽，各一雌一雄。周昭王喜爱珍奇异兽，于是把它们圈养在宫中，当作宝贝一样照料。到了夏天的时候，周昭王发现这些珍禽的羽毛非常容易脱落，羽毛散落在庭院各处，呈青红异色，有一种奇异之美。看到侍从正在打扫庭院，周昭王顿时觉得有点不舍，他觉得如果将这些羽毛扫弃而不用，岂不是暴殄天物？

这时，周昭王想到平日宫中的工匠会用雉羽来制作仪仗扇，于是他灵机一动，命手下把青凤、丹鹊翅膀和尾部的羽毛收集起来，“聚鹊翅以为扇，缉凤羽以饰车盖”。其中由鹊翅制成的四把羽扇，分别被命名为“游飘”“条翮”“亏光”“仄影”。这四把羽扇虽没有仪仗扇那般大气，

①丹鹊，一说丹鹄、丹鹤。

但胜在奇异精致，很受周昭王喜爱。有一天周昭王把扇子拿在手中把玩，突然发现扇子摇动之间似有清风徐来，于是他吩咐宫女拿着羽扇向他扇动，发现果然有"轻风四散，冷然自凉"之感，周昭王大为惊喜，之后这种取凉方式慢慢在宫中流传。但这个时候扇风取凉仍然不是扇子的主业，巨大的扇子更多时候还是作为仪仗扇拥护在天子身旁，彰显天子的威仪。

仪仗扇既有实用价值，又能彰显皇家气派，得到了历代皇室的喜爱，之后成为一种宫廷仪仗，历代沿用。在唐玄宗时期，宰相萧嵩还提出了"索扇"制度，这里的索扇不是指索要扇子，而是要把扇子作为屏障，遮蔽龙颜。为什么要这样做呢？用当时的理解来说，皇帝是上天派到人间来管理黎民百姓的，天子的容颜、体态不是凡夫俗子想见就能见的。如果天子在上朝前出现睡眼蒙眬的姿态，被文武百官瞧见，岂不是会被议论一番，有失威仪？或者天子有先天或者后天的残疾，被百姓知晓了，岂不又成了民间笑谈？所以"索扇"制度就是为了约束朝臣和百姓的视线而设立的，以此维护皇帝威严。扇子不仅在朝堂上使用，天子兴起出游时，也是相伴在其左右的必备之物。该制度推行后，每逢上朝都会有侍从用扇子将皇帝的身形遮挡，让群臣无法窥视到皇帝上朝前的神态举止，等到皇帝坐定，整理好服饰之后才能撤扇；朝会结束后，侍从又会再次将扇遮在皇帝前方，一直持续到皇帝走出朝殿。此时的扇子就像一个特殊的贴身保镖，保护天子上下朝堂，出入皇城。天子的容颜也因扇变得更为神秘。诗圣杜甫曾在《秋兴》中写道"云移雉尾开宫扇，日绕龙鳞识圣颜"，认为能目睹天子真颜是人生中极为荣幸的一件事，能有这样的诗句流芳百世，也算是有扇子的一份功劳。

因为扇子在宫中需求繁多，并且规格各异，于是慢慢从单一的障扇演变出了团扇、折扇这两种主要类别，并且扇品更加丰富。托了皇室"不差钱"的福，匠人制扇时的选材用料那叫一个不计成本、精益求精，以此博得宫中权贵一笑。一流的材料加上能工巧匠的雕琢，这样制作出来的扇子自然精美、气派，观赏与实用价值兼顾，不仅深受王公贵族的喜爱，也被作为国礼赠送给周边国家，所以中国慢慢就有了"制扇王国"的美誉。经过历代的发展和传承，加之扇风取凉的作用，扇子开始在民间流传开来。成为大众用品后，扇子也有了更加多元的角色，在创意集聚的民间如鱼得水。

在百姓手中的扇子也不只是用来扇风

中国夏季普遍炎热，扇子作为扇风纳凉的用具慢慢走入万千百姓的生活中，成为居家出行之常备。又因为它自皇室中诞生，在宫中被广泛用作身份的象征，所以人们普遍对精美的扇子有一种崇尚之情。扇子不仅有诸多实用性，更成了高雅、文艺的代表，仿佛是文人墨客或者拥有一技之长的能人才能驾驭的宝物，扇风取凉反而成了扇子最不值得说道的一个技能。之后，扇子在用材、样式等方面的诸多变化，也来自老百姓的智慧。

其实不少传统节日都有扇子的身影，例如端午节除了吃粽子、赛龙舟之外，其实还有送扇的习俗，因为这"扇"与"善"谐音，因而具有"善良、善行"的寓意。此外，由于扇面上可以题字作画，所以文人雅士离别之时若有什么说不完的话，还可以用扇子来表达，作为好友之间依依惜别、期待重逢、睹物思人的最佳载体。在人们互相馈赠扇子的过程中，又因地域差异和民间文化而演变出了新的含义。比如过去在宁波地区，凡出嫁的姑娘，端午回家探望，离开时都要带上父母送的扇子，寓意为"一扇解千愁"；而在港澳地区，民间却忌用扇子赠送亲友，

黑纸扇彩绘《天神图》

因为在粤语中，"送扇"和"送丧"谐音，所以不宜相送。

　　偶尔扇子还会客串当当月老，做一个美好爱情的见证者。古时的清明节又被称为"踏青节"，这天除了操办春祭礼俗之外，更是男女老少出门踏青的日子，那时候的女子多身居闺中，难得外出，因此踏青节也成了年轻男女的相亲大会。古时女子常用扇遮面，男子如果想与某一位姑娘搭讪，就需要以扇寓情；如果女子做出用扇子把自己下半张脸遮起来，只露双眸的动作，就表示想与对方"进一步发展"；如果两人交谈甚欢，相处愉快，女子会将手上的扇子交给对方作为定情的信物。《桃花扇》中侯方域便赠给李香君一把宫扇，作为两人的定情之物。婚嫁之事自古就是大事，自然也体现在扇子王国的品类中。团扇中有一种名为"合欢"的扇品，其扇面左右对称似圆月，意为"团圆合欢"，主要用作男女爱情之赠物，这就是古时"一扇定情"的传统。

扇子不仅影响着古人的婚恋之事，更是人们彰显个性的外在物具，就如同如今人们口袋中的名片，扇子代表着持扇者的品位、身份。若集会中，执有一把古雅精致的扇子，可能更容易得到与会者的青睐。

因为扇子极为贴近人们的生活，又可欣赏其美，它的"表演天赋"慢慢被世人所挖掘。扇子在评书先生手中可作百般物件：拧着是枪，端着是刀，横着是剑，竖着是笔，打开是书信、地图、圣旨，一把扇子就是一个舞台。戏剧表演中，扇子又可表达剧中人物性格与情感，有"武者扇胸前，文者扇掌心，商贾扇肚腹，走卒扇头顶，媒婆扇肩，轿夫扇裆"之区别。在舞蹈这门历史悠久的表演艺术中，它也是时常登台的道具，因扇子有开、合、翻、转、挽、抛等各种变化，技巧性强，可以和丰富的舞蹈动作进行结合，表达多样情感。另外还有以扇子为主进行编排的"扇舞"，风韵婀娜。扇子还有诸多精美的品类与设计，与演员的服饰相搭更是舞台上亮丽的风景线。

历史上用作表演的器具有很多，但能有千变万化，寓情寓景之能的却唯扇子一家。正因为其变化多端、有寓意无穷的特征，扇子才备受文艺界的喜爱。经过几千年的发展，以扇子为中心开发出来的艺术形式大致有以下九种。

一曰扇语。西方一些国家有通过扇子做不同动作来表示爱憎的习俗。例如从前英国的女士大多随身携带小巧的扇子作为辅助交流的工具。古代中国也有类似的习俗，例如打开扇，遮住脸的下部以表爱意；时开时合，是为思念；不停地翻来覆去，则是表达不喜之情。英国作家威廉·科克收集各国扇语作为他《扇学》专著中的一章，生动有趣。

二曰扇诗。历代文人墨客喜在扇子上写下咏扇诗和题扇诗。唐朝诗人杜牧有"银烛秋光冷画屏，轻罗小扇扑流萤"的咏扇诗句，笔触细腻，情趣横生。明代才子唐寅的花扇《山居客至》，清新的画面上题着一首小诗："红树黄茅野老家，日高山犬吠篱笆。合村会议无他事，定是人来借花时"，诗情画意，相映成趣，是难得的艺术珍品。请文坛名家或崇敬的师长为扇题诗是近代的一种新时尚。

三曰扇书。扇面书法历史悠久。历代不少书法家都有不少扇面佳作。最早见于《晋书》记载，书圣王羲之曾为一老媪题扇，老媪每字售价百钱。1984年，在香港举办的一次展览会上，有一幅不满盈尺的扇面竟书写了310首唐诗，2万多字，令人惊奇。1986年，常熟造纸厂陈嘉良利用10个月的业余时间，在九寸半的扇面上（单面）写下全册《古文观止》，引起轰动。

四曰扇谜。民间流行的扇谜很多，很精彩。有的直接书写于扇面而不露底，有的则口口相传，如"有风我不动，我动就有风，如果不用我，除非刮秋风""合起像把尺，展开像半月，人家笑它冷，它笑人家热""有皮无毛，有骨无肉，摇摇晃晃，风头出够"等。这些谜语运用比拟手法从不同角度描述扇子的特征、作用，生动形象，趣味无穷。

五曰扇舞。中国汉代就已出现了扇舞，表演时檀板笃笃，银筝款款，佳人姝丽掩扇轻歌曼舞，风韵婀娜。现代以扇作道具的舞蹈更是数不胜数。扇为许多舞蹈起到了"点睛"的作用。在扇舞中，有专门用扇子作道具的舞蹈，如汉代的《巴渝舞》、唐代的《霓裳羽衣舞》等，都是扇子舞。现代的舞蹈工作者则来个"古为今用"，比如河北民间舞蹈《茉莉花》以及东北的《二人转》等都突出了扇子的风采。北京舞蹈学院的周怡认为："在舞蹈这门历史悠久的表演艺术中，道具的应用丰富多彩、别具特色。它多是来源于生活，蕴含着文化的寓意，通过道具传递情感，增强舞蹈表演的感染力。扇子在戏曲和舞蹈中既有相同，又各有不同，从某种意义上讲，它既是提供人物玩赏的用具，是人物身份和意趣的象征，也是借以强化身体语言的表演道具，也可以作为一种人物身份的象征。……因折扇可开可合，具有开、合、翻、转、挽、抛等基本变化，且技巧性强，表现内容也极为丰富。"

六曰扇画。自古以来，文人墨客就喜欢在扇面上题字作画。几乎每一个制扇艺人（或厂家）都习惯在扇面作画，最早在三国时就已出现。唐代张彦远《历代名画记》中就有关于"杨修与魏太祖画扇误点成蝇"的记载。扇画多取材名山大川胜景或花鸟虫鱼、戏文故事等，给人以美的艺术享受。许多著名书画家如王羲之、苏东坡、唐伯虎、石涛、吴昌硕、徐悲鸿、齐白石等都在扇上留下了珍贵的书画作品。现存最早的扇画实物是宋代的《柳桥归骑图》，保存在上海博物馆。故宫博物院里珍藏有三百多把元明清的书画扇。浙江省博物馆中也藏有不少明清书画扇面。

七曰扇联。扇联是中国联苑中的一朵奇葩。如"清风生掌握；爽气满襟怀""举起随时消酷暑；动来无处不清风""却将妙质因风剪；为出新裁对月描"，这些扇联，联语文字优美，对仗工整，音韵和谐，给人以美的享受。扇子最基本的功用是取风纳凉，因此喜欢对联的人士撰制了许多抒情言志的扇联。古今扇联，最有味的莫过于"明月入怀，团圆可喜；仁风在握，披拂无私"。

王星记百寿扇

上联说的是白团扇，将家人团聚的意愿寄托扇上，下联
则暗喻持扇者立身品德高尚。

八曰扇具。扇子在戏剧艺术中作为道具，具有表达
感情的妙用。有"武者扇胸前，文者扇掌心，商贾扇肚腹，
走卒扇头顶，媒婆扇肩，轿夫扇裆"的区别，充分运用
扇子的动作来表现人物性格。

九曰扇俗。如有的地方端午节将扇子赠送于亲朋好
友，或将扇子作为定情信物。古时丧事也有用扇子之习。
停丧在家，门口挂白扇子，或是前檐下悬一破芭蕉扇，
门边挂一束白纸条，以表示此家有丧事。中国各地、各
民族扇俗甚多，异彩纷呈。

原是"两面派"，翻转叙乾坤

"两面派"不算褒义词，但用在扇子身上却是一种名副其实的称赞，谁叫它从面子到里子再到骨子都是那么多样呢？先来看看扇子的样子，主体的扇面自然是双数，上下浮动，引来清风；再来看看它的作用，既能驱暑遮阳、又是文艺界的宠儿，是不折不扣的多面手。正是在扇面的上下翻转间，王星记和它的前辈们见证了王朝的更替、民间的酸甜苦辣、中华民族的岁月千秋。

正是因为扇子的多功能属性，从其被创造出来以后，各地纷纷仿制，那么到底哪家的出品最精良？在不同时期，在扇子身上又发生了哪些故事呢？先将有关它的各种诞生传说放在一旁，看看科学客观的发现和解释。

根据考古人员的发掘成果可以得知，目前出土的最早的扇子是战国时期的，这是一把出土于湖北江陵楚墓的扇子，扇柄在扇子的一侧，就像一扇单扇门。单扇门在古代被称作"户"，扇子最初是被用作仪仗，一开一合与门的作用相仿，因而扇子的"扇"由"户"和"羽"组合而成。由此可见，至少在战国时期，已经有王星记扇的先辈存在了，湖北可以算作扇子的故乡之一。那时候的扇子还略显朴素，暂时还没有引起文艺界的关注，默默承担着礼仪的工作。

等到了汉朝时期，团扇出现在人们的生活中，这是一种用绢制作而成的扇子，因而也被称为罗扇。团扇形如其名，好似圆月一般，因而被人们寄寓了团圆、欢聚的美好寓意，也被称为合欢扇。据说在西汉成帝时期，班婕妤因赵飞燕入宫而失宠，失意之余借扇抒情，写下了"新裂齐纨素，鲜洁如霜雪。裁为合欢扇，团团似明月"的诗句。这样看来，在汉王朝定都长安（今西安）的时候，王星记扇先辈们的样式和品类都得到了丰富，而且开始脱离单一的引风遮阳的物理属性，被人们寄托精神层面的寓意，这也为在扇面题字作画奠定了基础。

根据唐代张彦远在《历代名画记》中的记载，最早在扇子上作画题字的事件发生在东汉末年。当时汉桓帝曾赐曹操的（养）祖父曹腾一柄"九华扇"，这柄"九华扇"十分名贵，曹操的儿子、文学家曹植特此写了一篇《九华扇赋》。九华扇扇面的形状介于方和圆之间，扇面都织有花纹图案，早在西汉成帝时就常被朝廷用作赏赐之物。曹操请主簿杨修为他画扇，当时的杨修年轻气盛，恃才傲物，作画时，一不小心掉下了一滴墨点遗留在扇面上。杨修急中生智，顺势将墨点画成了一只苍蝇。画好后，杨修将画好的扇子交给丞相曹操。曹操看见扇面上有一只"苍蝇"，便急忙用手去拍赶这只"苍蝇"，可一连几次拍赶，那只"苍蝇"却纹丝不动。曹操见后十分疑惑，俯身一看原来是一个墨点。顿时，惹得众人窃笑。从这以后，在扇面上题诗作画就成了一种社会风俗，特别是文人墨客们，在这一方小天地里尽情展示自己的才华。扇子的主要属性也正式发生变化，成为兼有实用功能与艺术价值的"两面派"。

直到约 11 世纪前，自汉代诞生的团扇几乎垄断了中国的扇子市场，后来折扇成为中国男性惯用的扇子，而团扇则成为女性的专属，因而在当今诸多古装剧中，男主人公用的基本上是折扇，而女主人公则多用团扇。与此同时，由于唐末的混战，中国经济中心开始南移，杭州逐渐成为中国新的制扇中心。根据南宋遗民吴自牧在《梦粱录》中的记载，在当时的南宋王都临安已经有了专门卖折扇的"周家折叠扇铺"，还有其他各种扇铺，从这一方面可以看出折扇在南宋时期已经非常流行了，另一方面也可见南宋时期的杭州在中国扇业发展历程中

〔唐〕周昉《簪花仕女图》中的长柄团扇

的重要地位。从那以后，作为中国南方经济重镇的杭州一直是扇业发展兴盛之地，这也为王星记这一地域性品牌的诞生奠定了扎实的基础。

待到宋朝之后，扇子在中国的发展愈发多元化，扇子家族在华夏各地生根发芽，不同民族、不同地域的人们也用自身特有的艺术方式、美学理解装饰点缀扇子，使得扇子愈发向着艺术品的范畴靠拢。作为后辈的王星记扇也是在这样丰富的美学实践中得到滋养，继续丰富着中国的扇家族……那么王星记为什么会诞生在杭州？

在它身上有哪些有趣的故事？为何它自诞生以来就一直深受人们的喜爱？王星记家族中又有哪些佼佼者？这其中还有很多的故事……

杭州真是好地方，
既能茁壮成长，又能沉醉墨香

"杭州雅扇"在北宋时颇有名气，南宋时制扇名匠和画扇艺人随宋室南渡，集于临安，扇业更盛。杭扇品种丰富，制作工艺源远流长，书画、雕刻、镶嵌、剪贴等全面发展。杭扇与丝绸、龙井茶被誉为"杭产三绝"。

常言道：一方水土养一方人，一方山水有一方风情。中国扇文化源远流长，而杭扇的诞生离不开杭州这座城。回顾杭扇的发展历程会发现，杭州扇业具有"天时、地利、人和"三大优势，得天独厚的条件让杭扇迅速发展与繁荣，又在江南独特的人文气息熏陶下被赋予了"雅扇"之名。

扇子与杭州的缘分可以追溯到春秋时期，当时的杭州地区原属越，后属吴，复属越，又属楚，这一带的民间已流行麦草扇。传说越国大夫范蠡在遇到西施后一见倾心，两人以天地为证，互许终身。范蠡临走前，西施用翠竹制成扇柄，用彩丝将自己的容貌绣在扇心上，制成一把麦草扇，让范蠡随身携带，以慰相思。后来，因这把扇子被越王勾践发现，随后西施便被越王选中献给了吴王，历史上荡气回肠的剧情随之拉开帷幕。在诸暨的乡村还保留着这一习俗，年轻男女多以麦草扇定情。久而久之，麦草扇还成为乡人纳凉、驱虫的用具和亲朋交往赠送的礼品。

待到宋室南渡，杭扇随着临安的繁荣而兴起。当时在清河坊之东有一条巷，叫扇子巷。据说南宋时，这条以制扇出名的"扇子巷"，集聚了大大小小的制扇作坊、扇铺（店）。

在扇子巷，还流传着不少关于制扇行业的传奇故事。传说巷子里有一个临街小铺，掌柜王老成三代以制扇为业，并经营各种扇子。王老成对顾客和善、热情、不分贵贱，对制扇也精益求精，多次免费为一个穷道士补扇。在修补中，他认真研究破的原因，而且还每修一把，就重做一把赠予道士，连续赠送道士三把扇子后，穷道士在铺中墙上挥笔题诗一首："一轮明月四时新，一握新风煞可人。明月清风年年有，人世炎凉知几尘。"题毕后飘然而去。此诗题后，王老成的扇店顾客盈门，看的人多，买扇的人也多，生意做得十分红火。过了几年后，王老成染病，临终时交代儿子，嘱咐他做生意不要分贵贱贫富，要一视同仁，话未完就咽气了。谁知他儿子不争气，忘记了父亲的遗嘱，对穷人冷淡无情，百般刁难。有一天，那穷道士又来店里修扇，儿子见他衣衫褴褛，便白眼相待，借口不能修，将道士赶出店门。老道士跨出门槛时，长袖一挥，墙上那首诗顿时不见了。等儿子装出笑脸，哪还有道士的踪影。不到一年，王家扇店门庭冷落而破败。从此人们再没看见穷道士光顾扇子巷。这个故事提醒扇子巷的经营者们，对待顾客要一视同仁，热心招待，这或许也是杭扇能一直长盛不衰的原因之一吧。

在下不才，幸诞于杭城，竟成扇中一"霸"

杭扇的诞生绝不是偶然，能在中国扇文化中占据一席之地，靠的也不是运气与机遇，因为自宋代以来，杭州一直就是全国的制扇中心，这里既有着深厚的文脉积淀，可以追溯到周代的制扇传统，也有来自南北工匠的传承与创新。深究杭扇的诞生故事，需要从天时、地利与人和三方面进行分析。

杭扇发展的"天时"在于天气：杭州的夏季气温高且闷热，又伴随着连绵雨季，扇子因为其消暑取凉、遮风挡雨的功用，且携带方便，因而成为人们生活中必不可少的器具。

南宋时杭州成为政治和经济中心，南来北往的人也越来越多。扇子除了纳凉之外，还担负了赠礼、装饰、表演等多种任务，扇子的需求量一下子激增。杭州这片广阔的市场，对于制扇行业无异于一块风水宝地，这里不仅自身消费需求巨大，而且拥有制扇所需的众多原材料——安吉的竹林、临安的桑纸、绍兴的鹅毛……此外，大运河便利的水路运输条件也为杭扇的远销提供了便利。如此种种条件，构成杭扇发展的"地利"。

而所谓"人和"，主要可以从以下两方面来说：一方面，杭州自古就有制扇的工匠传承；另一方面，靖康之变后，北方不少制扇名家南渡来到杭州。南北两路名家汇聚杭州，难免要争个高低。他们之间相互切磋，取长补短，将彼此的技艺融会贯通，使得杭扇的品类和样式大幅增多，生产厂家也随之增加。据南宋遗民吴自牧的《梦粱录》记载："杭城大街，买卖昼夜不绝。"

到了元朝，杭扇在保持了一段时间的兴旺后日趋衰落，但在不同民族文化的影响下，杭扇扇面在绘画和题词方面更显多元交融，其装饰和表现形式也有所丰富。

明朝建立后，杭扇的发展主要体现在折扇这一品类上。杭扇在折扇上融入了本地文化，辅以书画、雕刻、镶嵌、剪贴等装饰手段，使之成为实用与鉴赏兼具的工艺品。

到了清康熙年间，杭扇在原先的基础上厚积薄发，进入一个鼎盛时期。当时杭州城内专门的扇庄已达50余家，依靠制扇谋生的工匠达四五千人之多，杭州仍然是当时全国的制扇中心。

作为浙江地区历史悠久的传统工艺品，杭扇工艺成熟，种类繁多。檀香扇、竹编扇、芭蕉扇、纸折扇、细绢扇、羽扇、麦草扇……每一种杭扇的背后，都有其各自的特点和功用。檀香扇有"扇在香存"的优点，细绢扇隽秀美丽，绸舞扇与婀娜多姿更相配，麦草扇价廉物美……

杭扇经过如此长时间的发展，再加上"天时地利人和"，虽历经风云变幻，但始终传承未断。在这样一脉相承的背景下，诞生了"王星记"。

虽然如今提到杭扇，人们想到的都是王星记，但在诞生之初，王星记扇庄与生产著名黑白花扇的张子元扇庄、舒莲记扇庄，并称为杭州扇业的三大名庄。正是因为有竞争，才让一代又一代王星记人更加用心地钻研制扇技艺。所以在正式进入王星记的世界前，先来看看督促它进步的兄弟品牌。

说起杭州城内的名品扇子，就不得不提到舒莲记。舒莲记的纸扇，多以精工细磨的水磨骨作为扇骨，有可藏于衣袋中的小型黑油纸扇，还有专供僧人使用的大型红油纸扇，另外其精雕细刻的女用檀香扇、鹅毛扇、泥金花扇也很有名。舒莲记创于清代，兴盛于民国初年，抗战后停业，没能像王星记一般幸运存留至今。之前有一面清代舒莲记手绘水浒一百零八将的扇子，在北京拍卖会上拍出了高价，由此可见人们对这家已经消逝的扇子铺的感情。如今，提到杭州的制扇业，大家首先想到的肯定是王星记，而舒莲记随着它的停业慢慢被湮没在历史的长河中。那么，现在就让我们走近这个昔日杭州第一大扇庄——舒莲记，去领略一下它的往昔盛况。

这间扇庄对于杭州人来说是一个难忘的记忆。民国初年，舒莲记扇庄前店后坊，规模宏大，四五块"舒莲记"的招幌在堂店门口一字排开，气势不凡。据阮毅成《三句不离本杭》记载："杭州所产扇子，为江南所著名，尤以舒莲记所制者，最为上乘。舒莲记在清河坊大街，石库墙门，规模宏大……"

不仅是杭州本地人对舒莲记扇庄情有独钟，舒莲记在国外也具有相当高的知名度。美国的鲍金美女士在《杭州，我的家》一书中曾这样亲切地写道："去'大街'上的扇子店的体验就更轻松一些。它尽管位于热闹的市区南部，但我一直感觉扇子店似乎依傍着西湖的湖光山色。它的院子沐浴着阳光。它的展厅墙壁粉刷洁白（没有深色墙板）。墙上挂着未成形的画好的扇面。下面的橱窗内展示着成形的扇面。还有一只橱窗里展示着成品（带柄和扇骨），供顾客挑选。扇骨的材料有檀香木、牛骨、象牙、玳瑁、红木和上光的竹子等。"

令人叹惜的是，盛极一时的扇庄在创始人舒莲卿去世后开始走下坡路，其家族内部纷争不断，子孙为争夺家产无心经营，甚至家族中还有成员鸦片成瘾。加上当时国内时局动荡，对扇庄的经营而言无异于雪上加霜，扇庄营业额逐年下滑。抗日战争胜利后，由于连年战争的破坏，舒莲记设备损失巨大，技术人员也大量外流，扇庄入不敷出，最后只能宣告破产。

王星记扇子店铺

　　除了舒莲记，张子元也是不得不提的另一家杭州扇庄，它也是王星记的好伙伴。张子元在清朝初年由绍兴到杭州首开扇庄。当时，杭州清河坊之东有一条长长的扇子巷，巷中扇子作坊和扇子铺子汇集，张子元扇庄就坐落在扇子巷。到了清末，张家家道败落，幸而后辈张光德白手起家，复兴祖业，光绪年间重开张子元扇庄。之后，张子元扇庄的发展青云直上，到民国初年一度成为杭州三大扇庄之一。张子元扇庄的扇子如今已成了颇有价值的收藏品。随着电风扇的出现，纸扇渐被取代，张子元扇庄也与其他很多中国传统手工业一样，退出了现代社会的日常生活舞台。特别值得一提的是，张子元扇庄的标记一般都隐秘在靠近扇骨大边的扇面夹层中，需要仰光透视才能清晰看到，这样既不影响扇面的外观，又带有扇庄独特的记号。如此精细雕琢的张子元扇子像一只只鼓动双翼的彩蝶翩翩而来，像一架架画屏让人顾盼流连。

不论是舒莲记，还是张子元，都或多或少地影响到了王星记扇庄的诞生。特别是王星记创始人王星斋的经历，可谓"得了夫人又得兵"，这其中又是怎么一回事呢？王星斋出身于三代扇业工匠之家，也是土生土长的杭州人，自幼就跟随父辈学习制扇手艺。正所谓虎父无犬子，因为从小在工匠家族中耳濡目染，王星斋在制扇这门技艺上展现出了极高的天赋和悟性，学有小成后，他就到三圣桥河下的钱部记扇子作坊当砂磨工。

在制扇工艺中，除了人们熟知的扇骨制作、扇面绘制之外，砂磨也是必不可少的工序。砂磨中包括拷坯、刮手、打磨等工序。有了好的扇骨和扇面，还要经过高手砂磨，去粗取精、画龙点睛，才能做成一把十全十美的扇子。如扇坯有些瑕疵，经过名匠砂磨，亦可得到矫正。所以砂磨是制扇作业中关键的一环，也是最后一道工序。

要想成为一名合格的砂磨工，既要掌握从劈刀开始到成坯的整个制扇过程，也得有足够的眼力发现问题所在，还得具备处理瑕疵、提升质量的能力。正是因为砂磨工熟悉扇业制造的整个环节，所以扇庄老板或制扇作坊业主，十有八九都是砂磨工出身。王星斋好学善学，终练成了一手好手艺，成为砂磨名匠，也为日后自立门户奠定了基础。在钱部记扇子作坊工作的岁月里，王星斋兢兢业业，既将自己所学用于实践，也通过与市场的接触，了解这一行业的发展趋势，并将技术与市场需求相结合。用现在的话说，王星斋本是一名技术人员，但他并未满足，在精进核心技术的同时，主动了解市场需求，培养自己的营销能力。多年的钻研不但让他本身的技艺愈发纯熟，制扇的整个流程也被他铭记于心，还让他掌握了这一产业的市场动态和前沿信息。

我们都知道，王星记扇庄是王星斋一手创办的，他为何会离开钱部记扇子作坊？年仅20岁的王星斋在钱部记扇子作坊时就已经是远近闻名的制扇能手，不仅工作稳定、收入可观，而且晋升大门敞开，当上"技术总监"，甚至是"副总"都不是难事。王星斋的"下海"得从他的妻子陈英说起……

正所谓物以类聚，人以群分，王星斋工作的钱部记扇子作坊附近云集了当时杭州众多扇子作坊，各家都有自己的绝活，其中有一家就是擅长贴花制扇的工坊。贴花是加工泥金扇面的一道主要工序，能够使朴素无华的扇子变得光彩照人。这家作坊的作坊主名叫陈益斋，专攻制扇贴花技术。陈坊主有一长女，名叫陈英，正是待字闺中。虽说陈英是女儿身，却也非等闲之辈，她和王星斋的成长经历极为相似，同样是从小跟着父辈学习制扇技艺，同样年纪轻轻就成了远近闻名的制扇工匠，王家和陈家又都是工匠世家，这么多的巧合凑在一起，难说不是天意。就算是用现在的观点看，这也简直是门当户对、天造地设的一对了。

两家作坊作为近邻，自然是知己知彼，陈益斋见王星斋谦虚能干，而且制扇手艺极佳，是能够将自家贴花技术发扬光大的不二人选，于是决定将长女陈英许配给他，这是中国古代社会常见的联姻形式，也是不同家族之间合作得以保证的基础。但和大多数缺乏感情基础和共同话题的不幸的政治联姻不同，陈益斋提前听取了女儿和未来女婿的意愿，知晓两人都互相有意，于是牵线搭桥，两人自然而然地走到了一起。王星斋和陈英自小

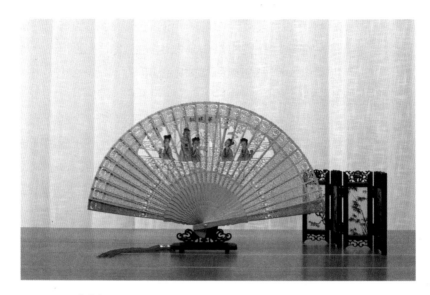

檀香扇

就以制扇为兴趣和工作，相识后从对方那里见识到了自己所欠缺的制扇技艺，在切磋交流中双方的感情迅速升温，成为一段珠联璧合的姻缘佳话。这正是前文提到的"得了夫人"说法的由来。

　　古人讲究"三十而立"，这即是指成家立业。喜结良缘后，陈英自然要搬出娘家和丈夫王星斋一起生活。妻子和自己生活在一起后，王星斋的生活也发生了巨变，不能像从前单身时那样无拘无束。此时的王星斋夫妇手握制作泥金扇面的核心技术——贴花技艺，这即前文提到的"又得兵"说法的由来。但那时又没有"技术入股"的说法，这使得王星斋不便继续在钱部记扇子作坊工作，两人萌发了自立门户的想法。和如今的创业一样，要想自立门户，当然是需要本钱的，幸而当时王家和陈家都还算富裕，王星斋的父亲也认为儿子的制扇技术已经成熟，再加上儿媳妇继承的贴花技艺，两人可以独当一面了。于是在父辈的帮助下，这对年轻夫妇凑够了开店的资金，于清朝光绪元年（1875）创办了如今享誉全球的王星记扇庄的前身王星斋扇庄。

尽管两人都出身制扇名门，在之前的打工过程中也颇有美名，但要想在扇子的江湖上站稳脚跟，还需一番功夫。面对人们对资历的怀疑，王星斋夫妇奉行"精工出细活，料好夺天工"的信条，同时结合自身的优势，主打高级花扇业务。在当时的扇子市场上，主流的还是以简单装饰、引风驱暑、物美价廉的扇子为主，这客观上造成了高级花扇产量的低下。王星斋夫妇两人则抓住了这一市场痛点，慢工出细活，出品的花扇以质量优良、外形独特、装饰精美为特征。就这样，初出茅庐的王星斋扇庄通过差异化发展，算是在市场上站稳了脚跟，在扇子坊里造出了名气。

陈英不仅是个贴花能手，而且勤俭刻苦，也是一个好当家，虽说父辈凑够了开店的资金，但之后的开销还得自理。结婚后，家里就是一个小作坊，陈英每天除料理家务外，都是日夜下场帮工，辛勤操作，业务忙时，通宵不睡，到 70 余岁时还戴了老花眼镜日夜做扇子。不仅自己以身作则，陈英对子女及雇工、学徒管理也很严，原料不肯浪费一点，产品检查尤为认真，这既能减低扇子成本，又能提高产品质量。

杭扇鼎盛时，不仅远销各地，而且不少是皇室的主要贡品之一，故又称贡扇。王星斋夫妻所制的高级花扇，深受宫廷贵族和一般文人骚客的喜爱。王星斋巧制贡扇的名声日益远播，京津一带前来订货者络绎不绝，产品供不应求。王星斋于 1901 年去北京，在杨梅竹斜街开起王星斋扇庄，扩大销售范围，增加品种数量，但其作坊

中国扇博物馆内景

仍在杭州。

　　高端花扇在市场上大受好评，但王星斋没有止步于此，因为他出身于市井之中，非常清楚扇子不但要走高端路线，更要充分考虑大众需求，这样才能扩大扇子的销路。所以在高端市场做出名气后，夫妻二人开始琢磨着如何制作出受百姓欢迎的扇子。他们回顾多年来的制扇经历发现，扇子是否耐用是很多普通百姓最关注的问题。因为当时业内扇子制作水平参差不齐，用料也有高低之分，品质不好的扇子很容易损毁，让明明是日用品的扇子变成了易用坏的消耗品。为了解决这一难题，夫妻二人在杭产油纸扇的基础上推出了黑纸扇。这黑纸扇可是王星斋家的招牌产品，有着"雨淋不透，曝晒不翘，纸不破，色不褪"的品质保证。高品质来自制作过程中严苛的要求。在检查成品时，王星斋会先把扇子放到水里浸泡约 4 小时，要求取出后仍然坚固如新，光泽不变；接着又会放到日光下曝晒约 4 小时，要求扇子平整如初，不翘不裂。任何一步没有达到要求就会返工重制。以此标准制作出来的黑纸扇岂会是扇中凡品？凭借这一独特的工艺，世人皆称王星斋的黑纸扇是"一把扇子半把伞"，之后黑纸扇被选为杭城特产进贡给宫廷，便有了"贡扇"之称。

在黑纸扇荣获"贡扇"殊荣后，王星斋扇庄更是声名远扬，前来询问和购买的客户越来越多。夫妻二人在欣喜之余也有了更多的思考，只靠一个家庭作坊已经无法满足百姓们的购扇需求。其实早在 1893 年，王星斋已走出杭州，在上海城隍庙附近开了第一家王星斋扇庄分店。1901 年在北京开设分号后，王星斋扇庄又陆续在天津、沈阳、济南、成都等地开设了分号，开始将王星斋扇子销往全国各地，王星斋扇庄也开始成了杭州制扇名庄。

也许是天妒英才，王星斋这些年为了扇庄的经营东奔西走，在多年的辛苦工作中落下了病根，于 1909 年因疾病离开了人世，原本稳步发展的王家扇业一时陷入困境之中。因为生意场上的往来主要由丈夫负责打理，妻子陈英主要是负责扇子的生产制作与质量把关，而儿子王子清年仅 11 岁，还未到可以子承父业的年纪，这一意外直接导致扇庄和主要客户之间的联系中断了。此时正值清末民初，时局动荡，也没有人有闲情欣赏和购买扇子，订单量大幅减少，外部环境的变化对此时的王家扇业而言更是雪上加霜。王家扇业对王星斋夫妻二人而言不只是一门生意，更是共同的理想追求，因此为了保住这些年的基业，陈英不顾世俗的偏见，亲自接手了扇庄的各项事务。她奔波于上海、北京、天津等地与杭州之间，和王星斋生前合作的商人们重新建立联系，提高扇庄的订单量，并把儿子送到北京一家扇庄，让他跟随掌门人学习经营管理，以便更好地接手父亲未竟的事业。陈英把钻研制扇技艺时的韧劲用到了商场经营上，艰苦奋斗，成功地保住了扇庄，支撑王星斋扇庄走过了这段风雨飘摇的岁月。

1929 年，王星斋扇庄迎来了历史性的转变，在扇业磨炼多年的王子清正式接手了扇庄。那时候很多商人对"知识产权"还没有什么概念，而思维活跃、理念新潮的王子清在上任之后立马向政府申请注册了王星记"三星"商标，并在杭州太平坊开设规模为四开间门面的商铺，正式挂牌"王星记扇庄"，从此之后，"王星记"才正式成为这个百年老字号的名字。而王子清为了让"王星记"这三个字更深入人心，不惜掷重金进行宣传营销：邀请知名的画师在扇面上作画，卖给喜好收藏的达官贵人；与当红女明星合作，让她拿着王星记的扇子拍海报，并且让她把扇子作为礼物送给歌迷们；当时越剧非常流行，王子清就专门为越剧团设计了舞台表演用的道具扇。在名人效应和营销手段的推动下，拥有一把王星记扇子已然成了一种潮流，王星记的知名度和销量都大大提高。

同年，杭州正在筹备首届西湖博览会，王子清意识到这是一个向全国乃至世界人民展示王星记扇子的绝佳机会，于是他挑选各类精致名扇参加博览会艺术馆陈列竞赛，又专门编印了王星记名扇品种价目的小册子，在参会期间广为散发。为了招待国内外的客户，他还专门雇用了翻译帮助沟通。在精心的策划下，王星记扇子在博览会期间被抢购一空，还获得了来自国外客户的两年订单，"杭州雅扇"开始走出国门，被更多人所认识，收获了世界各地的粉丝。在王子清的用心经营下，王星记的品牌日渐深入人心，很多人一提到扇子，第一时间就会想到杭州的王星记。到了 1936 年，王星记已经抢占了制扇业大部分市场，正式成为"杭州第一扇"。

都说打铁还需自身硬，王星记之所以能获得大众的喜爱，肯定不只是因为王子清的广告推广做得好，更多的还是靠着店家本身产品的优质赢得大众口碑。王星记历代传承的工匠精神没有在发展历程中被遗忘，杭扇前

王星记扇子广告

辈们留下的技艺结晶也被悉数继承，王星记在保留传统的手工制作流程的同时，又能结合不同地域制扇工艺的优势进行技术升级，在变化的市场需求中不断推陈出新、精品迭出，这在当时环境下已是非常不易。

吾辈兄弟众多，长得不太一样

因为工匠前辈们的努力，王星记的扇子产量越来越大，类型也越来越丰富，慢慢汇集了上百个品种，近两千种花色，因此王星记又被世人称为"扇子王国"。这个王国里居住着非常多的子民，各有特色，虽长得不太一样，但个个都是外貌与内在俱佳。下面就给各位介绍一下这个扇子王国中的诸多子民，若你仔细了解，总会找到欣赏的那一位。

黑纸扇是王家最为经典并且最负盛名的扇品，也是杭扇的标志性产品，称得上扇子王国的"老大哥"。这"黑纸"可不是普通的纸张，选用的是浙江富阳、瑞安等地特产的纯桑皮纸。纯桑皮纸的优点在于质地绵韧，不易折损；纸面上涂刷的数道漆是诸暨柿漆，经过晾晒之后扇面就变成了黑色。一把黑纸扇的诞生要经过整整86道工序，主要工序有制作骨架、糊扇面、上页、折扇面、整形、砂磨、整理等，这些工序又要经过多重处理才算完成。光是制作骨架，就分为开料、削料、浸料、蒸料、烙料、打洞、锉扇头、探骨、检骨各个程序，更别说其他步骤有多么繁杂了，而且每道工序环环相扣，稍有差错，之前所做的一切工序都会受到影响。工艺要求之高，让其他竞争者想模仿都难。也正因如此，每一把黑纸扇制作出来即是精品。别具匠心的选材加上精益求精的制作，让黑纸扇有着独特风格和上乘品质，其不怕风吹雨淋、经久耐用的特点，深受老百姓喜爱。

王星记贴金彩绘黑纸扇

　　白纸扇同样是王星记的经典产品，它是扇子王国的"谦谦公子"，之所以有这个颇具文艺气质的名号，是因为白纸扇的独特选材。白纸扇的扇面采用的是桑皮纸或宣纸，经过矾面处理后非常适合用来绘画书写。不只制扇作坊会在上面作画设计，还有很多文人雅士喜欢购置纯白纸扇，在扇面上挥毫泼墨，彰显个性。即使是一把普通的白纸扇，经过书画大家的创作也可以变成极具收藏价值的艺术品，所以它一直是文人们最喜爱的一类扇子。

　　檀香扇是扇子王国里的"大名人"，因为它所使用的原料檀香木是产于印度和东南亚一带的名贵木材。檀香木木质细腻、坚硬并且香味浓，用它来制作扇骨，保存个十年八年后，摇动扇子仍然能生香，如果把它存放在衣柜里，还有一定的防虫防蛀效果。除了独特的扇香之外，檀香扇还以极为精细的工艺见长。黑纸扇的 86 道工序已经极为考究，而檀香扇的制作比黑纸扇更为复杂。难度主要体现在骨架的雕刻上，全木结构的檀香扇主要用到拉花、烫花、雕花三种工艺。拉花需要使用极细的

131

钢丝锯在薄薄的檀香扇面上拉出镂空图案，镂空越多，难度也越大；烫花需要用到火笔，在扇面上烫出深浅不一、有褐色焦痕的图案，搭配雕花所雕刻的图案。这样制作出来的扇子，装饰既有彩绘又有雕刻，生动立体，颇具观赏价值。

不过这檀香木毕竟是珍贵木材，有时候会出现原料不足的情况。针对这一问题，王星记在 20 世纪 70 年代开发出了一种香木扇，采用禾木、柏木、黄杨木等硬质木材代替檀香木，用合成的香精产生对应的香味，制作上也延续檀香扇的工艺，这样制成的香木扇几乎可以与檀香扇媲美，价格也更加亲民。

绢竹扇和宫团扇都是扇子王国中的"窈窕淑女"。绢竹扇是杭扇中的一个新扇种，其扇骨以竹为原料，扇面采用的是杭州特产的丝绸，也可用棉布、纸张等。选材和工艺的不同让绢竹扇有着样式轻巧、携带方便的特点。以丝绸为主的扇面设计让绢竹扇有着清新淡雅的设计风格，外出使用既方便，又能给服饰添色，尤受女士们钟爱，因此它又有了另一个称呼——女绢扇。宫团扇又名纨扇，它的历史比折扇悠久，它最初以圆形为主要形状，之后慢慢发展出了方形、椭圆形、菱形、梅花形等多种样式。宫团扇古时多为宫廷中的女子使用，因此大多制作精细，装饰华美。除了扇面设计之外，扇柄尾部的流苏也有造型之分。扇风不是它的专长，它更适合当一个清丽雅致的美人儿，供大家欣赏。

羽扇是所有扇子中历史最为悠久的一种，算得上是扇子王国的"活化石"。它的主要原料是禽鸟的羽毛，在杭扇中主要有鹅毛扇、绒毛扇和孔雀毛扇几种扇类。看起来羽扇的制作好像是最为简单的，其实并非如此。光是选材这一项程序上，就要求羽毛要色泽一致，长短相仿，纹理左右对齐，不同种类的禽羽也有各自的特点，选料非常严格。羽毛选好后也需要进行多重处理，才能保证耐用性和美观度。

品类多而全，款款皆精品，凭借着出色的扇子产品赢得大众口碑的王星记，慢慢成为杭扇的代表品牌。在以手工为主的传统制造业中，产品的质量与数量往往难以兼顾，但王星记一代代传承人坚持着王星记创立之初设立的"精工出细活，料好夺天工"的信条，与众多满怀热情的工匠们在制扇道路上挥洒汗水，不断探索与创新，这才有了"扇子王国"的建立，杭扇文化才得以延续与发展。

并非本扇不务正业，都怪江南才子

自从世人们发现扇子的种种优点后，它就从一个简单的纳凉工具延伸出更多的用途。扇子慢慢成了文人心中传播诗词歌赋、美术画作的绝佳载体。这也不是扇子们不务正业，而是大势所趋。到了明清时期，用扇子作画、赠礼、收藏、装饰盛为流行，已然成为一种文化。

扇子的价值不只体现在其本身的材料上，扇面上的内容才是最被人看重的部分。杭扇中的部分扇名就是以西湖景名来命名的，例如"双峰""玉带"等。扇子的取名与西湖景名紧紧相连，一直沿用至今，体现了杭州独特的文化内涵。扇子与济公的故事，自南宋以来一直为杭州人民所津津乐道。据记载，杭州灵隐寺确有济公其人，法名道济。他不满强权者对老百姓的残酷剥削和欺压，正如电视剧《济公》所唱的那样："鞋儿破，帽儿破，身上的袈裟破。你笑我，他笑我，一把扇儿破。南无阿弥陀佛，南无阿弥陀佛……哪里不平哪有我……"济公手持那把破芭蕉扇，从不离手，据说是他的法器。

王星记扇子种类、花式多样

他用手中的这把扇子，扶正祛邪，伸张正义，他的美德也被传颂千秋。济公的很多传奇故事也被画入杭扇中得以流传开来。

　　灵隐飞来峰的一则传说也与济公有关。很久以前，据说四川有座奇怪的小山峰会飞，它飞到哪里，哪里的老百姓就会遭殃丧命。有一天，济公预感到中午这座怪山峰将飞到灵隐前一个村庄，便坐立不安，天不亮就起床，到村里大声喊："今天中午有座山峰要飞到此村，村民们快逃呀！"但没人搭理他，认为他是一个疯和尚。时近中午，无奈之下，济公一阵风似的背起了村民家中正在拜堂的新娘就跑，这一跑引来众多村民的追赶，追赶到几十里外时，济公放下背上的新娘席地而坐，摇着扇子纳凉，村民们赶到刚要扭打济公时，突然间天昏地暗，伸手不见五指，大风呼啸，只听轰隆一声巨响，那座怪山峰刚好落在这村庄上。这时村民才明白疯和尚抢新娘是为救大家性命。而那些死守家产的财主、恶霸却被压在了这座怪山下。为了不让小山峰乱飞惹祸，济公在这座山峰前扇了几下，山上即凿出了五百罗汉，镇住了这座山峰，从此这座山峰就永远立在灵隐寺前，因此峰为外地飞来，故被称为飞来峰。

与之相关的还有净慈寺的故事。净慈寺位于南屏山慧日峰下，是杭州西湖四大寺之一。传说，净慈寺曾遭遇大火被烧，重建需要大量木材和人工。为了尽快将寺建好，监理和尚要求济公三天内将建造净慈寺的所有木料运到。当时采集木材路途遥远，交通又不便，济公想出一个办法，由寺内井底运木。他用扇子将木料扇到河中，又从井底中将木头扇出，在快要运完时，监理和尚忌妒济公有本事便大喊"够了"，于是济公停了手中的扇子，结果在井底留下了最后一根木头。相传，一直到如今，净慈寺古井内还留着当年济公和尚扇子扇停后留下的这根木头。

除了这些传奇故事，杭扇的扇面还跟江南的一众才子们有着颇深的渊源。一把寻常人家的粗糙纸扇，遇到"一字千金"的大书法家，就诞生了一段被人传唱的美谈。据说苏轼出任杭州知州期间，就经历过类似的事情。一天，有两个人到苏轼这里打官司。被告是个年轻人，以卖扇子为生。他借了人家的钱，迟迟不归还，债主只好拉他来见知州。仔细询问一番才知道，卖扇子的年轻人不是故意不还钱的，去年他的父亲死了，欠下一些债务，今年又连连下雨，天气不是太热，大家都不需要买扇子，实在是没有钱还。苏轼又询问了一番，得知卖扇子的年轻人有一些还没有作画的绢织团扇，就让他赶快回家拿二十把白色团扇。那年轻人怀着满腹疑虑回家去拿了团扇来，苏轼就用判案的笔在扇子上画了起来。

他画的是草木竹石，旁边还配有题字，没多大的工夫，二十把团扇全部画完，交给那年轻人，说道："出去卖吧，一千钱一把。"早有好事者传出信去，说知州在为一个卖扇子的画扇面儿。那些富家子弟、文人墨客以及喜爱书画的人早就等在外面了。那年轻人一出来，二十把扇子霎时被抢购一空。那人还了债，还剩下两千钱。他返回去告诉苏轼，自己还剩下两千钱，苏轼让他把钱拿去用，那年轻人千恩万谢地走了。在之后的岁月里，越来越多的书画名家把在扇面上创作作为重要的艺术呈现方式，而产扇大户杭州自然成为这一风俗争奇斗艳的中心，诞生出许多著名的扇画与扇字。

明清时期是杭扇发展历史上的一段鼎盛时期，江南才子与杭州雅扇的故事，也多数来自这一时期。作为江南地区中心的杭州，自然也是才子佳人们云集之处，留下许多传世故事。提到江南才子，就不得不说唐伯虎。作为"江南四大才子"之一，明代著名的书画家，他在年轻的时候时常会创作一些扇画用于贩卖，其中就有一段"唐伯虎巧画扇面"的故事广为流传。

正所谓"人怕出名猪怕壮"，由于"江南才子"名声在外，难免会遭人嫉妒，所以就有好事之人想要故意刁难他。一天，一个自称云山居士的人找到唐伯虎，表示想和他打个赌："听闻唐伯虎你画技超绝，我现在想买一把扇子，如果你能按照我的要求画出我想要的扇面，我就按原价三倍的价格买下它，而如果你画不出来，我就要拿走你三把上等的扇子，你看如何？"

唐伯虎对自己的画技极为自信，当即就同意了。唐伯虎拿起画笔准备开始作画，询问云山居士想画何物，云山居士想也没想道："我曾经养过骆驼，甚是喜爱，你就在扇面上画骆驼就好了。"唐伯虎点点头，刚想下笔，

烫拉檀香扇《西湖全图》

这人又立马添了一句："画一只太少了，要画一百只才行！"这个时候唐伯虎明白了，原来这个人是来找茬的，但当时他没有表露出任何情绪，转瞬间就想好了应对之策。

他先在不大的扇面上画了一片沙漠，中间是一座孤峰兀立的大山，接着在山的右侧画了一只骆驼的后半身，又在山的左侧画了一只露出前半身的骆驼，正被主人牵着前行。这云山居士看着还没反应过来，唐伯虎就放下笔告诉他："已经按你的要求画好了。"云山居士顿时蒙了，指着扇面说："这不够一百只骆驼啊？"唐伯虎闻言笑了笑，拿起笔在画旁又题了一首打油诗："百只骆驼绕山走，九十八只在山后。尾驼露尾不见头，头驼露头出山沟。"云山居士默默念完，哑口无言，只好付了三倍价钱买下它，灰溜溜地走了。

之后这"巧画扇面"的故事传到了更多人的耳中，老百姓纷纷称奇，也想找唐伯虎画一把扇子，一睹他的画功与才智。而那位花了三倍价钱买走扇子的云山居士，其实也没有吃亏，他虽然丢了面子，但所购扇子的绘画出自唐伯虎之手，又有如此奇特的由来，自然是被人争相求购，扇子的身价因此水涨船高，远超出当时他购买所用的价钱。由于出现了不少名人在扇上画画、题字的现象，当时杭州城内还出现了以收集、收购、竞拍名人扇子为业的店铺，引得不同粉丝群体竞相追捧。即使是一把最普通的白纸扇，经过书画名家创作后也能价值千金，甚至在市场中出现"一扇难求"的局面。

作为杭扇代表的王星记，自然备受文人墨客的青睐，被认为是最适合扇面创作的瑰宝。不知唐伯虎等才子佳人若知后世有如此宝扇，又会激发出怎么样的创作灵感？

据文献记载，与王星记结缘最深的名人当属京剧大师梅兰芳。梅兰芳一生爱扇，不仅在舞台上需要使用精美的扇子作为道具，在平时生活中，也对扇子爱不释手。作为当时我国最著名的京剧大师，他自然希望获得最佳的扇子为自己的演出锦上添花，于是梅兰芳与王星记的邂逅显得浑然天成。《贵妃醉酒》是梅兰芳的拿手好戏之一，在出演这部剧时，他手中的那把贴金黑纸花扇就是由王星记扇厂精工特制的。

除了在《贵妃醉酒》中大放异彩的贴金黑纸花扇，每当有新剧排练时，如若需要用到扇子，梅兰芳总要特地让人赶到杭州王星记扇庄定做扇子。有一次，新剧需要用到湘妃竹折扇，王星记扇庄知晓后特制了一把湘妃竹折扇。这把扇子两面裱褙上金箔，并绘上色调艳丽的牡丹，典雅华贵，与剧中人身份相得益彰。一次，梅兰芳在《千金一笑》中饰晴雯。这出戏的主要情节与一柄扇子有关——宝玉为博晴雯一笑，任其撕扇逗乐。锣鼓响了，扇子却还未送到。梅兰芳便从抽屉里取出一把两面空白的折扇，乘兴泼墨，一幅艳丽的牡丹图顷刻便出。戏唱完了，扇子也撕破了。结束时，他想把扇子带回去留作纪念，却怎么也找不到了。原来，是他的一位朋友悄悄将扇子"借"了去。几天后，那位朋友在扇面题满了诗文后，又将扇子送回到了他手中。

除了在表演中使用到各种扇子，梅兰芳平日也喜欢收藏扇子，家中藏扇数以百计，大多是湘妃竹折扇，其中有一把是绢面纨扇，显得格外特别。这把扇子是 1924 年 5 月印度诗人泰戈尔在北平看完梅兰芳演出的《洛神》后亲手所赠，扇上有泰翁的即兴题诗，用毛笔写着孟加拉文和英文两种文字。1961 年，纪念泰戈尔 100 周年诞辰时，梅兰芳取出此扇，请吴晓铃和石真两位教授将扇上的题诗译成如下隽永的白话诗：

> 亲爱的，你用我不懂的
> 语言的面纱
> 遮盖着你的容颜；
> 正像那遥望如同一脉
> 缥缈的云霞
> 被水雾笼罩着的峰峦。

1948 年，梅兰芳还亲手绘制了梅花和兰花的图案，并特意请王星记为其定制扇子，这也是他对王星记信任与肯定的表现。后来，梅兰芳先生的儿子、著名京剧表演艺术家梅葆玖也一直和扇庄保持着密切的联系，与王星记结下了不解之缘。

王星记与曲艺表演的缘分不止于此，在梅兰芳先生之后，王星记的扇子在曲艺中也频繁出现。例如浙江小

细拉花工笔雕边乌木扇《中华之春》

百花越剧团演出新编越剧《梁山伯与祝英台》时用的扇子道具也是在王星记定制的。在舞台上，演员们将扇子用得炉火纯青，充分展现了王星记的扇子艺术。除了受到梅兰芳的厚爱，王星记还是著名作家、青春版《牡丹亭》制作人白先勇的心头宝。他做客这家百年老字号扇庄时，提到在自己儿时，就因为看见母亲拥有的四把王星记檀香扇而对王星记扇庄心生向往，并在之后的昆曲事业中充分融入了扇元素。白先勇提到，昆曲作为一项拥有约600年历史的中国传统戏曲，不论是舞台表演还是剧本创作，都和扇子联系紧密。在青春版《牡丹亭》的《游园》《寻梦》这两折戏中，扇子就是非常重要的舞台道具，可以说是一把扇子扇出了满园的花花草草。因而王星记特为青春版《牡丹亭》量身定制了一把泥金牡丹花扇，扇子的两面用金箔糊裱，扇面金光闪闪，其身用艳丽的色彩绘制大红色牡丹，整把扇子雍容华贵，与青春版《牡丹亭》瑰丽的爱情传奇及唯美的舞台效果融为一体。现在的王星记掌门人孙亚青也提到，王星记是一家传统手工制扇企业，讲究的是工艺技术，生产的是艺术精品，同为非物质文化遗产的王星记扇艺与昆曲艺术在传承保护和创新发展上是相通的，也是可以完美结合的。王星记制扇技艺是国家级非物质文化遗产，昆曲是联合国教科文组织第一批人类口头和非物质遗产代表作，两者同为中国传统文化的典范，有缘牵手，是艺术的相通、文化的交融，真可谓"扇艺昆曲同非遗，中华文化共传承"。

诞生在杭州这座文艺之城中的王星记，自然深受江南文风的影响，出生之时肚子里就饱含墨水，加之它的前辈们在艺术方面的造诣，也使得王星记积累了诸多经验，不论是应对扇面作画，还是题字作诗都得心应手。从战国墓中出土的扇子的先祖，到如今代代传承的王星记，从引风"神器"到文艺精品，从单一的团扇到"百扇齐放"，扇子一族的演变既是中华文明发展的见证，也是华夏文明展示的舞台。作为后辈的王星记，继承了先祖们的哪些优点？具备哪些独到之处？又生发出哪些新的特点？

长江后浪推前浪，老本还得再投资

王星记是杭扇的传统老字号品牌，也是扇家族的后起之秀。它自诞生以来便备受人们的关注，这既是因为工匠们的良苦用心，也与孕育并滋养它的杭州密切相关。改革开放以来，科技的发展与人民生活的巨大变化让手工制扇业陷入窘境，扇子产品功能性弱化，市场需求下降，杭扇这一传承千年的技艺也遭遇了发展的瓶颈期，急需一场新的变革洗礼，才能重整旗鼓，追赶上时代的步伐。幸运的是，总有一些人出现在传统老字号需要他们的时候，让这些中国传统技艺重获活力。

打铁还需自身硬，选材做工皆精细

中国的扇子种类繁多，且各有特色。不同的扇子所需原料各不相同，制作的工艺流程也各有千秋。王星记作为杭州雅扇的杰出代表，在选材和做工上自然更胜一筹。王星记的创始人王星斋夫妇不仅制扇技艺出色，而且在材料的选择与加工上也别具匠心。

扇子主要分为扇骨、扇面、销钉三个部分，而这三部分材料的选用又各有讲究。王星记有品质上乘的全棕扇，还有以檀香、兽骨、梅鹿竹、乌木等名贵材料为扇柄的各类扇子。扇面材料则是以浙江产的纯桑皮纸为原料，其质地绵韧，经久耐用。扇的两面还涂刷多层有"日晒不翘、雨淋不透"之美誉的高山柿漆，可引风取凉，又可遮阳避雨，让扇子的使用价值发挥到了极致。

王星记的销钉一般由水牛角制作而成，韧性大，不易断裂。在制作工序上，沿袭了民间传统工艺的同时，对不同材质的扇子在制作工序上也各有要求。如檀香扇在制作骨架上比黑纸扇更为复杂精细，除了需要处理扇面图案外，还需要对骨架进行雕刻，达到集实用与装饰于一体的目的。这些精美的图案需要经过锯片、造型、锉扇、打洞、打样板、拉花、打磨、抛光等多道复杂精细的工序，才能完成对扇子骨架初步的造型设计，再配合使用绘画、拉花、烫花、雕花工艺来刻画扇骨细部，使扇骨本身得到艺术性装饰。

扇骨做完之后，扇面同样需要精心打造。黑纸扇的扇面采用的是纯桑皮纸，制作水源最好用桃花盛开时节的雨水，这样的选材既讲究又蕴含诗意的情怀。轻摇着这样的扇子，文人墨客们不禁会联想到身处"风淡荡，鳜鱼吹起桃花浪"的情境之中，这该是件多么富有诗情画意的事情。扇面初步完成后，要在上面涂刷高山柿漆，这种漆的颜色要达到一定程度的黑、亮，才能够涂刷在扇面上，相当于为扇面抹上一层保护薄膜，使雨水淋不透。

在扇面装饰上，王星记一向以精细著称，以黑纸扇为例，扇面除了单纯的黑色外，还添加了双回泥面、泥金面、泥银面等多种装饰。此外，就扇面上的文字而言，在不同的材料上书写，展现出的效果也是差别很大。当然，书写不同的字体时，自然也要使用不同的颜料，通常写小楷采用真金粉，写行草跨行则用假金粉，偶尔也会用

王星记扇子

到朱砂。制扇自古就是一门很讲究的手艺，王星记的扇子工艺尤其考究。这些精美绝伦的扇子大都出自传统的民间制扇手艺人之手，体现了传统手工艺人纯粹的精神追求和精益求精的工匠精神。

经过繁复的制作步骤，再加之继承的百年品牌文化、不断的技术创新，王星记的扇子如今有着独具匠心的五大特点：精、绝、全、新、强。

精，即精工细做。王星记在扇子的选材上付出了常人难以想象的努力，有时为寻得最适宜的材料，不惜远赴他乡实地采摘。以王星记的热销产品湘妃竹扇为例，该扇原材料选用的是湘妃竹，其天然的纹理可为扇面的书画增添更多神韵，但这一材料在浙江一带难以觅得。为了寻得这一材料，王星记专门安排人员走访江西、福建、广西等地，甚至去往深山老林寻觅。湘妃竹是一种生长极缓慢的竹，其形成的自然精美的斑纹更是难得，因此极难获得。王星记为了保证产品质量，一方面尽力寻找合适的湘妃竹，另一方面根据材料数量确定销售数量，从不以次充好。正是这种精益求精的品质，才使得王星记的每一把湘妃竹折扇都能成为世上独一无二的精品。

绝，即王星记在工艺上与众不同。例如，其工艺绝活"留青雕"就是将原生态竹子完完整整地保存好，自然风干后再由工艺师进行雕刻。稍有差池，之前所做一切工序也许都将付之东流，这既需要工匠们一气呵成，也需要天时地利的辅助。只有那些没有出过任何差池的留青雕成品才会展现在世人的眼前，是当之无愧的工艺佳作。

全，即王星记的产品覆盖扇子产品的所有类别。无论是在全国，还是世界，其扇子的类型、花色数量都首屈一指，市场机会被牢牢地掌握在王星记的手中，"杭州三绝"之一的地位不容撼动。如今，扇子已经成为中华文化的一种符号，当人们提到扇子，以王星记为代表的系列产品的模样，自然会浮现在人们的脑海中。

新，即创新不断。王星记设有专业的研发机构，每个月都会推出十几种新产品，不断地利用社会资源，创新扇子设计、推广扇子文化。在包装设计上，王星记融合现代流行元素，在保持本真的同时，尽力满足消费者追求新意的心理需求。在企业管理方面，王星记积极引进新型人才与技术，加强对新旧职工特色技艺和新技法的培训，带领他们在现代创新思维下不断丰富创新和完善制扇工艺，更好更深地挖掘传统扇工艺的灵魂。不论是对扇子的外形、种类、功能，还是对扇子的宣传、对企业文化的塑造，王星记总是在尝试新的表达，将传统与现代相融合，将时光与岁月凝聚在扇面之上。

强，即品牌强大。王星记对品牌有着长远的规划，注重产品线的拓展、品牌的宣传，让王星记为越来越多的人所熟知，并将他们逐步发展成为王星记忠实的客户群体。

20世纪90年代后，受市场经济和人们生活方式变化的影响，王星记扇厂一度面临生存发展的困境。2000年，企业进行改制，重新焕发青春与活力，涌现出多名省、市级工艺美术大师，获国家级、省市级工艺美术评比大奖68个。2001年，被评为全省首批传统工艺美术保护品种。2005年，王星记的厂房改造和新建项目被列为杭州市重点建设项目，确定建设一个集生产、演艺、观光、文化交流于一体的新厂区，使扇艺的传承有了更好的发展空间。王星记扇厂招聘回了以前的匠人，在清河坊开办生产基地，在西湖边湖滨路开设门市部，企业规模和影响力不断扩大，已成为我国制扇业中产量最大、花色品种最多的综合性扇厂，被人们誉为"美丽、辉煌的扇子王国"。2008年，制扇技艺又被列入国家级非物质文化遗产代表性项目名录。此外，王星记扇还被列入浙江省和杭州市政府首批工艺美术重点保护品种，有条件地获得政府的扶持。在专利保护方面，王星记扇的外观设计，也已被国家知识产权局授予专利权，这一举措进一步加强了对王星记制扇技艺的保护。在保护人才方面，王星记也作出了与时俱进的改变，招收工艺美术学院毕业的专业化人才，进一步培养传统与现代相结合的专业化人才，同时根据人才的技艺水平，评聘中、高级职称和各级工艺美术大师，鼓励技术人员的积极性和创造性。实行职业技能带头人制度，开展技艺的传、帮、带。正是在这种现代化制度的管理下，王星记才逐步焕发出新的活力。

好酒也怕巷子深，自古跨界多精彩

王星记的"内功"着实了得，所以才能成为文艺界竞相追捧的艺术品。王星记扇子的扇骨、扇面是创作者尽情发挥的平台，扎实的做工为书画诗赋的抒写奠定了基础。自扇子诞生以来，无数文人墨客在扇面上留下了众多优秀的作品，人们将扇面的创作发展成一门艺术创作。小小的扇面，神话故事、瑞鸟珍禽、人物肖像又或名花异草均能入画；正、草、隶、篆，各种书体样样可题。如清代柯桥民间画扇艺人陈潮生的彩绘《水浒》人物扇面，以生动而富有个性的造型手段，描绘了梁山一百零八将的起义故事。画面的排布疏密有度，背景设计富丽堂皇，故事展开自有恢弘磅礴的气势，属于王星记扇中的珍贵稀品。一些与西湖有关的扇面作品也很有意思，传统的王星记扇以丝绸为扇面原料，反映了杭州作为丝绸之府的特色，是东方文化的典型代表，而扇面与拱桥相结合的造型，既是桥与山景的结合，又有月下西湖的意味。其中以《天堂新西湖》最有代表性，该扇的制作灵感来源于西湖神话故事，这既赋予了该扇艺术气息，同时又让其富含江南水乡的地域特色。还有依据河姆渡象牙雕件而创作的《双鸟异日》扇作，将远古时期的原始艺术栩栩如生地再现在今人眼前，有效弘扬了河姆渡文化。进入新时期后，王星记与时俱进，制扇工艺更上一层楼，2010 年参加世博会工艺美术展的《雷峰夕照》扇作获得了"百花杯"金奖。这些扇面创作不光考验制作者的审美，也无形间浸润着使用者的艺术细胞。

扇子的艺术细胞自然是源于祖辈们的传承。千百年来，文人墨客吟咏扇子的诗赋俯拾即是。团扇在中国传统诗歌意象中具有抒发缠绵情思的特质，因而承载了许多感人至深的故事。

汉代班婕妤作《怨歌行》（又名《团扇歌》）："新裂齐纨素，鲜洁如霜雪。裁为合欢扇，团团似明月。出入君怀袖，动摇微风发。常恐秋节至，凉飙夺炎热。弃捐箧笥中，恩情中道绝。"通篇以扇喻人，刻画情态与愁思，寓意深切，哀怨萦绕，令人感叹不已。而到了东晋末年，《团扇歌》却变得充盈饱满起来。谢芳姿《团扇歌》即为显著的例子，它起源于很动人的爱情故事。琅邪王氏是当时的望族，宰相王导之孙王珉，姿仪高雅，神态俊洁，擅长行书，与族兄王献之齐名。夏日酷暑，王珉常常手拿团扇把玩纳凉。一次，王珉前往族兄王珣家中探访，偶然听见一女子在后山唱曲，声线婉转，又见其面容姣好，遂心生怜爱。此女子名叫谢芳姿，家境贫寒，从小入了王府作丫鬟。王夫人待她不薄，常常教她读书、练字和乐曲。谢芳姿后来出落得亭亭玉立，姿色甚美。王珉和谢芳姿相识、相恋，感情日渐深厚，见面愈加频繁。王夫人听闻之后愤怒异常，重重鞭挞芳姿，王珣连忙劝阻不止，王珉也疼惜，却无奈。王夫人知道芳姿平日爱唱歌，就要求她现场唱歌一曲，方才赦免。谢芳姿遂唱道："白团扇，辛苦且流连，是郎眼所见。"王珉明知谢芳姿是为自己而唱，却故意去问其中的"郎"是指谁。谢芳姿又唱了一首歌作答："白团扇，憔悴非昔容，羞与郎相见。"谢芳姿《团扇歌》歌词缠绵，含情脉脉，可谓为后世团扇歌奠定了婉转的基调。梁武帝萧衍也作了一首《团扇歌》，是咏物诗兼言情诗，也是宫体诗中较为雅清之作。"手中白团扇，净如秋团月。清风任动生，娇香承意发。"团扇往往让人联想到美人，女子手持团扇，清新素雅，立于风中，自然而然，这就是"澄净"和"任意"的境界。

团扇可以指代美人、象征爱情，自然也可以作为爱情的信物。清代孔尚任的传奇《桃花扇》以桃花扇作为线索，写尽侯方域与李香君之间感人的爱情故事。明崇祯末年，落第秀才侯方域客居南京，整日以饮酒消遣。在清明时节与友人游春赏玩，遍寻佳丽。在暖翠楼经杨龙友介绍结识李香君。李香君，为秦淮河畔的名妓，芳龄二八，素性贞良，娇态可掬。侯方域谓香君为仙女下凡，香君谓侯方域为风流才子。两人相见如故，温情脉脉，于是就选定吉日定亲。订婚之日，侯方域题诗扇一把赠予香君永结同好，曰："青溪尽是辛夷树，不及东风桃李花。"时魏忠贤余党阮大铖正为复社诸生所不容，得知侯方域手头拮据，就委托杨龙友费重金为侯方域置办妆奁，以示笼络，借以缓和与复社的关系。侯方域有所让步，而李香君性格刚烈，义正词严，对阮大铖毫不容忍，遂退回妆奁。阮大铖因此怀恨在心，便伺机诬陷侯方域暗通叛军，侯方域为避害只身逃往扬州，投奔史可法。另一方面，阮大铖等逼迫李香君嫁给漕抚田仰，李香君誓死相抗，撞坏头面，血染定情诗扇，得以保全自身名节。后杨龙友用青汁将扇面血痕点染成桃花图，诗扇也成为桃花扇。于是，李香君托教曲师傅苏昆生持此桃花扇去寻觅侯方域，自己则苦守名节，等候侯方域。后来，侯方域拿着桃花扇来秦淮探望，却不慎被阮大铖逮捕入狱。清军渡江时，侯方域方得出狱，避难于栖霞山，偶于白云庵与李香君相遇，在张道士提点之下，二人双双出家，终得圆满。

　　咏扇题材在文学作品中的出现，是扇文化萌发的重要标志。东汉，班固就以扇为题材写了《竹扇赋》，赋云："削为扇翼成器美，托御君王供时有。度量异好有圆方，来风辟暑致清凉。"说的就是扇的形制及功用。东汉名赋家张衡有《扇赋》，说他在扇面上"画象造仪施彩"，倍加钟爱。曹植在《九华扇赋》中这样形容九华扇："形五离而九析，篾鏊解而缕分。效虬龙之蜿蝉，法虹霓之氤氲。撼微妙以历时，结九层之华文。"歌赞之情洋溢文外，扇之精美可想而知。较为

彩绘黑纸扇《中国京剧脸谱》

知名的赋文还有晋代陆机的《羽扇赋》、傅咸的《羽扇赋》、嵇含的《羽扇赋》等等。它们或咏扇，或寄情，为中国扇文化留下宝贵的笔墨。以咏扇为题的诗词更是不胜枚举。刘禹锡写过一首《团扇歌》："团扇复团扇，奉君清暑殿。秋风入庭树，从此不相见。上有乘鸾女，苍苍网虫遍。明年入怀袖，别是机中练。"这首《团扇歌》表达了一种愁思。而傅毅的《扇铭》则说："翩翩素圆，清风载扬。君子玉体，赖以宁康。冬则龙潜，夏则凤举。知进能退，随时出处。"显示出文人士大夫对进退的超脱，以扇喻人生，可见早期诗赋就已十分清晰地认识到扇子的寓意了。至于杜牧在《秋夕》中的"轻罗小扇扑流萤"、齐白石题《不倒翁》中的"乌纱白扇俨然官"更是朗朗上口的佳句，扇子也通过此类作品拉近了与人的距离。

人们生活中的扇子，承载着中华民族几千年的文化基因：运筹帷幄之士在挥扇间变换乾坤指点江山，文人墨客在扇子上写下寄情抒怀的诗词妙句，美丽的古代仕女半遮面传情达意，尽显女儿姿态，驱邪灭妖的道士挥扇伏魔……折扇的打开意味着使用价值的体现，扇子的合闭则藏起锋芒，开开合合间自由把握，仿佛人生可进可退、逍遥自在。从人们赋予王星记的黑纸扇"一把扇子半把伞"的美誉就可以看出，这样的扇子可以驱除暑热，送来凉风，可以遮蔽骄阳，甚至可以抵挡雨淋，也可以当作艺术品欣赏、把玩、收藏。王星记的诞生是中华扇业代代传承的必然结果，也为中华扇业开创了新的辉煌。例如为了探索黑纸扇工笔画最佳效果，王星记的传人们经过技术攻关解决了扇面黑底与色彩配置、技法施展的问题。王星记人学习水粉画、染织图案的相关技法，更加科学合理地利用底色，并结合笔画以及民间扇面绘画的技巧，成功地找到了底色上色问题的关键，找到了适应黑纸扇的特殊工笔画技法，也积累了宝贵的经验。与此同时，王星记在进行市场调研的基础上，推出了具有新的实用功能的扇子，在"跨界"的祖传道路上实现了新的突破，太极扇便是王星记创新产品中的佼佼者。与此同时，作为中国扇业代表的王星记也致力于传播中国扇文化，大力支持中国扇博物馆。馆内采用现代化的高科技手段，让人们通过视觉、听觉共同感受到中国扇文化的历史。博物馆中收藏了历代诸国的扇子实物，同时附有详细的讲解。馆内还模拟了明清时期的扇子街，以及当时的店面和人物，让参观者更加身临其境地感受中国扇文化，为宣传中国独有的制扇技艺，发掘和保护传统工艺品起到了良好的推广效果。

匠人们把"不务正业"做成了本职工作

如今杭伞依然是优雅的出行雨具，杭剪也是"上得厅堂，下得厨房"，但杭扇却陷入了尴尬的处境，因为现在人们若想消暑取凉，首先想到的不是拿起扇子，而是打开电扇、空调这些自动化电器。现代服装风格与审美的改变，也让扇子的装饰功能弱化，杭扇也从出门必备之物慢慢变成了"压箱底"的"无业游民"，实用性降低与需求的下降带来的就是产品销量的持续走低。

正当王星记面临"失业危机"时，一位名叫孙亚青的女子出现了。她是王星记扇子年轻一辈的代表性传承人，制扇技艺绝佳，还有着丰富的经营管理经验。她与王星记的故事比加入扇厂任职的时间还要长，这要从她小时候与王星记的不解之缘说起。孙亚青是土生土长的杭州人，当时王星记扇厂位于解放路 77 号，孙亚青家正好住在附近。小的时候，她每天上学都会经过王星记扇厂的门市部，那里琳琅满目、精致典雅的扇子深深吸引住了她。学习之余，大多数小朋友会选择外出游玩，她却会到王星记门店里欣赏扇子，和店员聊天，了解杭扇的发展故事。耳濡目染下，孙亚青慢慢也萌生出了想要亲手制作扇子的念头。1976 年，18 岁的孙亚青从杭二中毕业，选择进入王星记扇厂工作。兴趣加上勤奋的双重作用，使得她的制扇技术提升很快，只用了一年时间就从临时工转为了正式工，并掌握了多种扇子的主要制作工序，在车间里得到了老师傅们的认可。1979 年，时任技术厂长的俞剑明认为孙亚青学习能力强，在制扇上比较有灵气，就让她带队到苏州学习檀香扇拉花工艺。拉花就是在扇面上用钢丝镂空，拉出图案，是制扇工艺中难度最大、最难掌握的一种技术。当时孙亚青是队伍里年龄最小的学徒，连她自己也没有多少信心，但孙亚青没有畏难，而是迎难而上，带着 12 个人前往苏州学习。尽管已经有了心理准备，但是学习的艰苦程度还是超出了孙亚青的预期。因为学习拉花时需要用头发丝粗细的钢丝来拉很厚的木板，还要用钢丝在板上"打"出字来，一天操作下来手臂酸痛不止，手指也常常是血肉模糊。除了艰苦的条件外，孙亚青既当学员又是领队，需要管理其他队友。在双重压力下，她也打过退堂鼓，但是想到厂里师傅对自己的信任，想到自己制作出精美扇子的场景，她告诉自己，人总是要有一点精神，于是选择咬牙坚持下去。学成归来后，年仅21岁的孙亚青在檀香扇的制作上已经达到了独当一面的水平，并且心态和意志力得到了很好的锤炼。

当她接手王星记时，如何做营销成了这家老字号品牌的头号难题。她从展会入手，带着最能体现扇庄特色的产品参加了首届中国工艺美术大师作品暨国际工艺美术精品博览会，做工精良的王星记扇子自然获得与会人员的一致肯定，荣获了金、银、铜三类大奖。这次展会不仅让更多游客了解了王星记的故事，也得到了海内外客户的青睐。感受到平台的力量后，孙亚青每年都会带着王星记的优秀产品参加博览会，坚持创新发展的王星记扇也是屡获金奖，后劲十足。

王星记的经营重新走上正轨后，孙亚青开始考虑转型升级的问题。她意识到目前王星记的规模不足以支撑它更好地走下去，因为产品开发、技艺传承、企业管理各个方面都需要有更多新鲜血液的加入，新的发展方向也要有更好的条件作为支持。老字号品牌不意味着就要死守老的经营模式，借鉴现代产业集聚的发展思路，王星记才能走得更远。2010年，在杭州市政府的支持下，孙亚青带领王星记创办了中国首个中华老字号文化创意产业园，坐落于杭州市拱墅区长板巷118号。现在的王星记已经不再是简单的扇子厂，而是集研发设计、生产演绎、商贸旅游、文化交流于一体的现代服务企业，成为扇业发展标志性企业，续写着杭州雅扇时代新篇章。

2012 年，杭州建设中国首个"工艺与民间艺术之都"，王星记被联合国教科文组织授为"工艺与民间艺术之都"传承基地。从 2013 年起，借助文化创意产业园的区位优势，王星记开始陆续接待外国友人，曾带领印度尼西亚、韩国、美国三个国家的朋友参观制扇技艺流程、大师工作室。之后，在得知 G20 峰会将在杭州举办后，孙亚青与团队就马上开始商讨扇品的设计方案。孙亚青认为既然这是世界性的舞台，那么王星记的设计也要与世界接轨，不仅要展现杭扇传统的一面，更要展现出与时俱进、别出心裁的匠心。因此每一类纪念扇她都要求设计团队根据其特点选择扇子种类，并且采用不同的材质、工艺，展现更多的内容。例如最高规格的"总统礼"选择的是名贵的檀香扇，图案是 20 个参会国的地标，寓意杭州走向世界，世界包容杭州；而对应的"夫人礼"选择的是寓意美好团圆的团扇。王星记团队前前后后一共花了 10 个多月的时间打磨设计方案，最终提交了 8 款扇品样稿。尽管竞争激烈，但王星记提交的方案全部中标，最后被正式确定为 2016 年 G20 峰会的官方纪念礼。

2016 年 9 月，G20 峰会如期而至，各国元首、工商巨头以及媒体记者齐聚杭州，王星记为与会者精心准备的峰会纪念礼成为一大亮点。檀香雅扇、丝绸竹扇、古韵团扇，无不体现了大国的礼仪文化、文雅之风，赢得了来自国内外的赞赏声。在杭州 2022 年亚运会上，也有杭扇的身影，亚运会会徽使用扇面作为主要呈现元素，代表着中国传统文化，也代表了江南浓郁的人文底蕴。这不仅是杭州文化的美好记忆，更是杭州雅扇文化迈向世界的重要一步。这次亚运会同样是王星记的一大机遇，代表杭州文化特色的王星记仍会抓住机遇，向世界展现杭州的文化自信，展现中国的工匠精神。

一百多年来，王星记秉承千年中国扇文化，创造了独特的制扇工艺流程。王星记的一代代能工巧匠们传承、延续这些技能，使得一柄小小的扇子，表现出了巧夺天工的手艺和无穷的奇思妙想。他们始终坚持"精工出细活，料好夺天工"的祖训，以产品质量为第一，充分彰显了其品牌地位。时至今日，王星记已成为中国扇文化、中华传统文化的代表。

悠悠古韵诉衷情，徐徐清风绘江湖，开合之间，岁月千秋。杭扇既是日用品，也是艺术品，这就是杭扇的故事，也是中国扇庄的传说。尽管扇面不大，却能将岁月凝固，让时光永恒。它传达出厚德艺馨、仁泽雅韵的东方美学与价值观。作为杭扇的代表——王星记定将继续传承先辈们的技艺，为人间引来凉风，为世界展示大美华夏！

结语：日常物件，东方美学

　　恋恋锋行传匠心的杭剪张小泉，千磨万击、精钢良作，历经百年仍银光闪烁，裁剪出杭州天堂般的模样，它是杭州刚毅的象征；亭亭华盖扬美名的杭伞，收放自如、温婉秀丽，任凭风吹雨打依旧傲然绽放，撑出杭州街头最绚丽的风景，它是杭州秀美的象征；悠悠古韵诉衷情的杭扇王星记，匠心独运、才学兼备，开合间散发阵阵墨香，扇面虽小却上演百味人生，它是杭州文采的象征。三样兼容日常生活实用性的美物件，折射出杭州城市刚柔并济的多样性格，洋溢着浓郁的东方美学思想。

　　它们是有着动人传奇故事的掌中珍品，诉说着明媚江南的恋恋物语，它们的故事等待着人们去聆听，去诉说。执手千年，一眼万年，历久弥新！

参考文献

1. 路峰、陈婉丽、徐敏编：《杭州老字号系列丛书：医药篇》，浙江大学出版社，2008 年。

2. 李麟主编：《商道文化常识》，北岳文艺出版社，2010 年。

3. 王倩：《中国传统文化中"水"意象分析与文化继承》，《北方文学（下旬刊）》2015 年第 5 期。

4. 邹阳洋：《张小泉剪刀研究》，浙江大学硕士学位论文，2006 年。

5. 孙健、赵涛：《中华商魂：在中国做生意要读的 18 条理念和 123 个案例》，海潮出版社，2006 年。

6. 梁诸英：《徽商老字号工匠精神的内涵及其当代价值分析》，《成都师范学院学报》2020 年第 4 期。

7. 刘丰：《张小泉剪刀》，《中国中小企业》2008 年第 6 期。

8. 庄汀：《老字号商品的传承和创新设计研究——张小泉剪刀的设计研究》，东华大学硕士学位论文，2015 年。

9. 王春华：《"张小泉剪刀"的成功秘诀》，《上海企业》2014 年第 10 期。

10. 蔡敏华主编：《浙江旅游文化》，浙江大学出版社，2005 年。

11. 陈佳欣：《老字号张小泉设计管理研究》，中国美术学院硕士学位论文，2014 年。

12. 张樟生：《张小泉品牌重塑研究》，上海交通大学硕士学位论文，2012 年。

13. 余小平：《大运河（杭州段）水文化研究》，《江南论坛》2010 年第 6 期。

14. 吴成方等编著：《世界民间故事》，江苏少年儿童出版社，1995 年。

15. 陈抗：《低调三百年，这把刀要重出江湖》，《浙商》2015 年第 17 期。

16. 杭州张小泉集团有限公司：《72 道工序 350 年传承——张小泉剪刀锻制技艺详述》，《科学之友（上旬）》2013 年第 9 期。

17. 谭进：《中国第一剪》，《浙江人大》2010 年第 11 期。

18. 李钰：《张小泉和王麻子两把老剪刀的故事》，《中国新时代》2016 年第 11 期。

19. 范天宁：《匠人营国：杭州手工艺与城市文化形象——以张小泉剪刀为例》，《现代交际》2017 年第 11 期。

20. 沈彬彬：《"张小泉"：把活干好，就有尊严》，《浙商》2016 年第 23 期。

21. 童亮：《民国时期杭剪兴衰刍议》，《杭州（周刊）》2014 年第 3 期。

22. 张玉梳：《刀剑春秋》，《中华手工》2012 年第 5 期。

23. 陈一平、罗群：《呈现传统之美与现代专题博物馆的功能研究——以杭州运河桥西手工艺博物馆群为例》，《文化创新比较研究》2018 年第 23 期。

24. 子君：《纵览"张小泉"光辉历程》，《科学之友（上旬）》2013 年 9 期。

25. 朱沉浮：《博物馆展陈设计中新媒体艺术应用研究》，河南师范大学硕士学位论文，2014 年。

26. 谭丽：《从手工艺品到非物质文化遗产——"西湖绸伞"的历史与保护研究》，浙江大学硕士学位论文，2014 年。

27. 展梦夏：《伞事三题——兼论伞盖之别》，2011 年北京大学美术学博士生国际学术论坛，2011 年。

28. 吕洪年：《徐霞客〈浙游日记〉所涉的民情风俗》，

《浙江大学学报（人文社会科学版）》2001 年第 4 期。

29. 张苾雯：《贵州印江油纸伞工艺技术研究》，贵州师范大学硕士学位论文，2016 年。

30. 吕洪年：《徐霞客与杭伞》，《杭州（生活品质版）》2013 年第 9 期。

31. 郑松堂：《都锦生："把西湖美景定格在织锦上的第一人"》，《文化交流》2014 年第 7 期。

32. 许娟：《浅析清代云锦纹样发展的历史条件及其艺术特征》，2013 年第十三届全国纺织品设计大赛暨国际理论研讨会，2013 年。

33. 朱于心：《西湖绸伞的文化传承与伞面更新设计研究》，中国美术学院硕士学位论文，2013 年。

34. 金斌：《一把油纸伞 传承匠人心》，《杭州（周刊）》2019 年第 17 期。

35. 郑莎莎：《今日有雨——由纸伞漫谈开来》，《大观》2015 年第 8 期。

36. 吴妍彦、蒋进国：《走进中国扇博物馆——寻觅杭州扇文化》，《青年文学家》2015 年第 3 期。

37. 黄哲浩：《老骥伏枥，杭扇明珠 ——简述百年传承王星记扇子》，《收藏与投资》2017 年第 2 期。

38. 张敏男：《传统手工艺行业中的工业设计应用策略研究——以王星记扇子为例》，浙江工业大学硕士学位论文，2011 年。

39. 乔玢：《扇之韵》，北京出版社，2005 年。

40. 刘强：《从羽扇到雅扇的文化流变——中国扇文化的文化人类学阐释》，2013 年中国艺术人类学国际学术研讨会，2013 年。

41. 俞剑明：《杭扇古今谈》，《今日浙江》2003 年第 6 期。

42. 何王芳：《民国时期杭州城市社会生活研究》，浙江大学博士学位论文，2006 年。

43. 仪德刚、李海静：《杭州"王星记"扇子制作工艺初步调查》，《中国科技史杂志》2007 年第 1 期。

44.吴秀梅：《浅析杭扇的历史与现状——以"王星记"扇业为例》，《电影评介》2012 年第 6 期。

45.徐淼：《基于品牌营销视角的"中华老字号"品牌振兴研究》，天津科技大学硕士学位论文，2013 年。

46.浙江省工艺美术研究所：《绚丽多彩的浙江工艺美术》，轻工业出版社，1986 年。

47.沈悦：《王星记"扇"变》，《国企管理》2019 年第 9 期。

48.邹承辉：《扇与中国文化》，《安徽冶金科技职业学院学报》2007 年第 1 期。

49.余卉：《民间工艺折扇制作工艺发掘保护和文化现象探析》，西南交通大学硕士学位论文，2009 年。

50.孙亚青、魏彬冰：《东方瑰宝王星记　红袖善舞展新姿》，《浙江档案》2009 年第 2 期。

51.华芝：《王星记：百年老字号的"现代故事"》，《杭州（周刊）》2018 年第 26 期。

52.沙勇主编：《大美"非遗"——大运河边的"守艺人"》，江苏人民出版社，2020 年。

53.周怡：《论折扇的舞蹈表现功能与价值》，北京舞蹈学院硕士学位论文，2016 年。

54.王艳、王露编著：《张小泉：良钢精作工匠剪》，杭州出版社，2020 年。

55.王艳、王露编著：《都锦生：锦绣百年丝绸花》，杭州出版社，2020 年。

56.王艳、王露编著：《王星记：悠悠古扇诉衷情》，杭州出版社，2020 年。

丛书编辑部

艾晓静　包可汗　安蓉泉　李方存　杨　流
杨海燕　肖华燕　吴云倩　何晓原　张美虎
陈　波　陈炯磊　尚佐文　周小忠　胡征宇
姜青青　钱登科　郭泰鸿　陶文杰　潘韶京
（按姓氏笔画排序）

特别鸣谢

杜正贤　王福群　王光斌（系列专家组）
魏皓奔　赵一新　孙玉卿（综合专家组）
夏　烈　郭　梅（文艺评论家审读组）

供图单位和图片作者
杭州工艺美术研究所

王　艳　代　玲　冷南羲　张中强　张国栋
张庭瑞　倪佳佳　黄欣雨　覃文茜
（按姓氏笔画排序）